教育部人文社科规划基金项目"新工科建设
校的工程伦理教育研究"（项目编号：20YJA880064）资助出版

新工科建设背景下应用型高校的
工程伦理教育研究

何 婵 徐 旭 著

东北大学出版社

·沈 阳·

ⓒ 何 婵 徐 旭 **2024**

图书在版编目（CIP）数据

新工科建设背景下应用型高校的工程伦理教育研究／

何婵，徐旭著. --沈阳：东北大学出版社，2024，10.

ISBN 978-7-5517-3681-7

Ⅰ. B82-057

中国国家版本馆 CIP 数据核字第 2024AC7795 号

出 版 者：东北大学出版社

　　　　　地址：沈阳市和平区文化路三号巷 11 号

　　　　　邮编：110819

　　　　　电话：024-83683655（总编室）

　　　　　　　　024-83687331（营销部）

　　　　　网址：http://press.neu.edu.cn

印 刷 者：辽宁虎驰科技传媒有限公司

发 行 者：东北大学出版社

幅面尺寸：170 mm×240 mm

印　　张：9

字　　数：166 千字

出版时间：2024 年 10 月第 1 版

印刷时间：2024 年 10 月第 1 次印刷

责任编辑：刘乃义

责任校对：项　阳

封面设计：潘正一

责任出版：初　茗

ISBN 978-7-5517-3681-7　　　　　　　　定　价：68.00 元

序

在这个科技飞速发展的时代，工程伦理教育的地位和作用愈发凸显。在此背景下，我国"新工科"建设对应用型高校的工程伦理教育提出了新的要求和挑战。本书立足于我国"新工科"建设的实际需求，深入探讨了应用型高校工程伦理教育的理论与实践问题。作者凭借扎实的学术功底，系统梳理了工程伦理教育的内涵和目标，为我国工程伦理教育研究提供了有益的借鉴。

本书具有以下特点：

一、紧跟时代脉搏，紧密围绕"新工科"建设背景。作者充分认识到工程伦理教育在"新工科"人才培养中的重要性，将理论研究与现实需求相结合，具有较强的时代感和实用性。

二、研究视角独特，注重理论与实践相结合。本书从教育学、工程伦理学等多个角度出发，对应用型高校工程伦理教育体系进行了全面构建，为工程伦理教育的创新发展提供了理论支持。

三、内容丰富，结构严谨。本书从理论回顾、体系构建到保障措施，层层递进，逻辑清晰。同时，作者运用多种研究方法，对工程伦理教育进行了深入剖析。

四、具有较高的实用价值。本书不仅为工程类、教育类本科生和研究生提供了学习参考资料，也为教育理论工作者、应用型高校管理实践领域及政府政策研究人员提供了有益借鉴。

前 言

　　随着科技的不断进步，工程专业在社会发展中的地位日益凸现，然而，工程项目变得越来越复杂，随之而来的伦理问题也逐渐浮出水面，例如大数据的迅猛发展对信息安全提出了挑战、生物技术的革新也开始面临伦理审查和道德判断。因此，社会对工程人才的需求也逐渐转向专业知识与伦理素质并重。自20世纪美国高等工程教育中出现工程伦理教育之后，学界对该领域的研究不断延伸，尤其在经历了美国"挑战者"号爆炸等一系列工程伦理道德的缺失引发的灾难之后，对于科学技术的伦理维度思考持续引发争论和制度改革。美国首先将工程伦理列入评价工程院校教育活动的标准之中，德国、法国、英国、加拿大、日本等发达国家的工程伦理教育也以各自不同的形式和途径开展，工程伦理教育及其相关的研究逐步得到了政府和社会团体等组织的大力支持和帮助。

　　2021年，习近平总书记主持召开中央全面深化改革委员会第二十三次会议，审议通过《关于加强科技伦理治理的指导意见》，强调科技伦理是科技活动必须遵守的价值准则与坚持的原则，旨在塑造科技向善的文化理念和保障机制。在"新工科"建设背景下探索工程伦理教育问题能够为完善"新工科"人才培养体系，创新"新工科"人才培养模式提供理论研究基础，借鉴中国传统道德文化资源和国外工程伦理教育研究理论，是我国特殊社会背景下独具特色的研究内容，能够丰富工程伦理教育的内容，拓展工程伦理教育的研究视野，推进我国工程伦理教育理论研究发展。

　　然而，尽管当前国内外学界对于工程伦理教育的内容都较为重视，但更多的是通过学科细分进行分类研究，在结合教育学相关理论对工程伦理教育体系的建立，尤其是针对应用型高校的相关领域有较大的研究空间。本书以教育部人文社会科学研究项目规划基金项目成果作为基础，通过文献研究法进行基础

1

理论研究，对"新工科"建设要求的工程伦理的内涵与目标进行系统性梳理，同时围绕应用型高校的新工科建设，重点构建和验证其内容体系。首先，采用布鲁姆目标分类法对工程伦理教育的目标体系进行研究。在此基础上，运用STS教育方法进一步研究工程伦理教育的内容体系。随后，从教育目标和教育内容等方面探讨工程专业教育与工程伦理教育的耦合关系、形成机理、表现形式及动因。最后，将CDIO工程教育与工程伦理教育融合，探索共生性、互补性与内生性三种主要融合模式。

本文共分为7章，从理论回顾与背景、工程伦理教育体系构建、应用型高校的工程伦理教育保障措施三个方面展开。第一章、第二章是研究体系和理论回顾并为新工科建设背景下应用型高校的工程伦理教育提供了理论基础；第三章根据布鲁姆方法确定工程伦理教育目标体系；第四章是STS教育重构工程伦理教育内容体系；第五章在第三、四章的基础上对工程专业教育与工程伦理教育的耦合机制进行探究；第六章根据CDIO方法构建了工程伦理教育融合教育模式；第七章是新工科建设背景下应用型高校的工程伦理教育的保障措施。

本专著由教育部人文社科规划基金项目"新工科建设背景下应用型高校的工程伦理教育研究"（项目编号：20YJA880064）资助出版。

在本书的编写过程中，研究生王洁、蒋栩婷和安倩茹同学投入了大量的时间和精力，进行了深入的调查研究及基础文稿的编写工作。在此，我们对她们无私的奉献和辛勤的努力表示衷心的感谢。

在编写过程中，尽可能列出所参考的国内外文献、著作来源，再次对诸位专家学者的宝贵成果表示衷心感谢！

本书可供工程类、教育类本科生和研究生以及教育理论工作者、应用型高校管理实践领域及政府政策研究人员等阅读借鉴。由于时间仓促以及研究领域成果的不断更新，加之笔者水平有限，不足之处敬请读者批评指正！

何婵　徐旭

2024 年 3 月

目 录

第一章　绪　论

第一节　研究背景

工程伦理教育研究主要开始于西方发达国家，早在 20 世纪 70 年代，美国高等工程教育中就出现了工程伦理教育。1975 年，艾斯罗马会议首次提出了对 DNA 重组技术的潜在伦理危害的担忧；1986 年，美国"挑战者"号爆炸更是引发了工程界的伦理反思。此后，对于科学技术的伦理维度思考，持续引发争论和制度改革，促成了工程伦理教育的兴起。

1997 年，美国林奇教授研究表明，美国前十所工程院校中的 9 所以不同的方式在本科教育中引入了工程伦理内容。2000 年，美国工程技术认证委员会（ABET）将工程伦理列入评价工程院校教育活动的标准之中。2005 年，哈里斯等人所著的《工程伦理：概念和案例》一书中明确提道："工程伦理是一种职业伦理，必须与个人伦理和一个人作为其他社会角色的伦理责任区分开来。"同时期，Davis 提出工程伦理教育的目标主要包括：提高学生的道德敏感性；增加学生对职业行为标准的了解；改进学生的伦理判断能力；增强学生的伦理意志力。2016 年美国国家科学基金会（NSF）发布了《将伦理融入工程师发展》的报告，评选出 25 个美国高校示范工程伦理教育课程，以期为高等教育机构提供工程伦理教育资源。

德国借鉴了美国工程伦理发展的经验，在技术伦理、技术评估的框架内创建自己的工程伦理学。德国工程伦理学的重点在于对新技术进行伦理评估，希望通过对工程师技术责任的评估减轻技术对社会的负面影响。2002 年，德国工程师协会（VDI）颁布《工程基本原则》，从而为工程师活动制定了基本原则，该原则主要限定了工程对新产品新方法在质量、安全性和可靠性等方面的责任。随着工程伦理教育在美国和德国的形成、发展和成熟以及传播，在法国、英国、加拿大、日本等发达国家的工程伦理教育也以各自不同的形式和途径开展，工程伦理教育及其相关的研究逐步得到了政府和社会团体等组织的大力支持和帮助。

在我国，肖平教授 1999 年主持研究国家社科基金项目"工程伦理研究"，并于 2009 年出版了专著《工程伦理导论》，开启了我国工程伦理教育研究。2011 年，李世新提出工程伦理教育内容应该明确工程师的社会责任、工程师的职业道德规范和工程伦理环境。2011 年，龙翔等人提出工程伦理教育应该培养工科大学生的工程伦理素质，使其具有工程伦理意识、掌握工程伦理规范，并提高工程伦理决策能力。朱高峰院士 2015 年指出"工程伦理是阐述、分析工程（包括活动和结果）与外界之间的关系的道理"。2016 年，余寿文教授指出工程伦理教育是工程教育的一部分，是落实教育中关于培养学生人文社会科学素养。2017 年，王孙禺教授等人分别从工程学、哲学与伦理学、社会学以及教育学等学科发展的视角剖析了工程伦理教育的含义，指出将工程伦理教育视为主要面向未来工程师所开展的以职业道德为主的教育的视角，已经不能满足工程活动和社会发展的需要，有必要扩宽工程伦理教育的概念及内涵，工程伦理教育指面向工程共同体所开展的有完整内容体系，并由高校、企业、政府等多方共同参与的贯穿工程参与者整个职业生涯的一种终身教育。

时至今日，国内工程伦理教育的理论创新研究渐热，受技术革命范式的影响，工程伦理教育的重要性日益彰显。2021 年 12 月 17 日，习近平总书记主持召开中央全面深化改革委员会第二十三次会议，审议通过《关于加强科技伦理治理的指导意见》，强调科技伦理是科技活动必须遵守的价值准则，要坚持增进人类福祉、尊重生命权利、公平公正、合理控制风险、保持公开透明的原则，健全多方参与、协同共治的治理体制机制，塑造科技向善的文化理念和保障机制。2023 年 12 月 1 日，由科技部、教育部、工业和信息化部、农业农村部、国家卫生健康委、中国科学院、中国社科院、中国工程院、中国科协、中央军委科技委印发的《关于加强科技伦理治理的意见》正式施行，明确了科技伦理的五个治理要求与五项原则，并针对科技伦理治理体制的健全、审查与监管分别提出了具有针对性的意见。学界对工程伦理教育的研究主要着眼于几个方面：论证工程伦理教育的必要性，界定工程伦理教育的内涵、培养目的，探索工程伦理教育的教学内容和实践模式，提出工程伦理教育存在的问题及改进建议等。

新工科建设背景下工程伦理教育研究中，"新工科"的内涵是以立德树人为引领，以应对变化、塑造未来为建设理念，以继承与创新、交叉与融合、协调与共享为主要途径，培养未来多元化、创新型卓越工程人才。包信和院士认为"新工科"是科学、人文、工程的交叉融合，要培养复合型、综合性人才。近十年来，我国工程教育采取"卓越工程师教育培养计划"等举措，取得了显著的成绩，形成了规模第一、层次完备、专业齐全的工程教育体系。但是，我国工程教育中仍然存在不少问题，例如，工程教育中人文情怀、伦理关照等养成教育亟待加强，长期以来我们的工科教育过度关注知识教育和能力教育，而忽视了伟大心灵的养成。随着工程技术的不断发展，生态破坏、环境污染、质量安全等负面效应日渐凸显，工程伦理问题受到社会广泛关注。

学者们认为"伦理将成为科学与工程的核心竞争力"。建设"新工科"，应更关注伦理问题，关注天人合一，遵循自然规律，避免工程教育因功利、虚荣、妄为而走向异化，忘却工程教育的本然使命。"新工科"建设要通过加强工程伦理教育，使未来工程师在面临工程问题求解的多种方案选择中，能够有意识地主动回避工程技术的负面效应，使未来工程师能够具备把控或引领现代工程技术方向的基本素质与勇气。培养未来工程师以工程伦理指导工程实践、引领工程技术的发展，这也是高校"新工科"建设的价值取向。加强工程伦理教育，是我国"新工科"建设践行立德树人要求的重要任务，又是"新工科"建设发展的客观要求。展望"新工科"教育的未来，培养具有思想政治合格、担当社会责任的工程科技人才，既是中国工程教育的历史使命，也是我们培养工程科技人才应肩负起的重要责任。

由此可见，工程伦理教育是"新工科"建设中重要且必不可少的一环，有助于规避教育功利化，以及由此引发的技术道德风险。但是，在"新工科"建设背景下，如何开展工程伦理教育，研究其教育理念、内在逻辑、内容体系和模式，无疑是值得深入研究的重要问题。

◆ 第二节　历史文献研究情况对比

CiteSpace 是一款广受学术界欢迎的文献可视化分析工具，由美国德雷塞尔大学的陈超美教授开发。它主要基于科学文献的共引、共词和合作者网络分析，帮助研究人员发现科学领域内的知识结构、演化路径和热点领域。CiteSpace 可以处理来自 Web of Science、Scopus 等数据库的引文数据，并通过可视化的方式展现研究领域的动态和发展趋势。因其操作便捷、结果直观可视化的特点在近年来被越来越多地引入历史文献的分析研究。笔者在中国知网CNKI 与 Web of Science（WOS）核心合集数据库中分别以"工程伦理教育""Engineering Ethics Education"进行文献的检索，手动筛选并进行去重后，共获得中文有效文献 520 篇、英文有效文献 564 篇，并结合 CiteSpace6.1.R3 与Excel 的结果进行分析，得到如下历史文献研究情况。

一、年度发文趋势

总体看来，波动中增加是国内外工程伦理教育主题研究文献的主要趋势。虽然国内较国外文献研究数量较少，但是波动趋势基本一致。2017 年形成了一个研究高峰，主要是由于学术出版商斯普林格（Springer）期刊集中撤销107 篇集体造假的论文，受到国内外学界的普遍关注，使得学术伦理相关的话题再度成为热点，工程伦理教育也因此备受关注。

2021 年随着全球新冠疫情的持续，工程伦理涉及疫苗研发、医疗设备生产等方面，引发了对于科技在应对全球健康危机中的伦理责任的讨论；同年，多家科技巨头在数据隐私、信息安全等方面的丑闻引发了公众的担忧和讨论，工程伦理在科技公司的监管和自律方面备受关注，人工智能技术的迅速发展也为解决隐私泄露的工程伦理问题提供了工具。

2024 年仅收集至第一季度结束时，但文献发表数量较为客观，预期在2024 年底较去年发文数量仍然能稳定保持。随着科学技术的迅猛发展，所暴露的问题也越来越多，大众与政府的关注将进一步助推工程伦理学的发展。国内外发文数量图如图 1-1 所示。

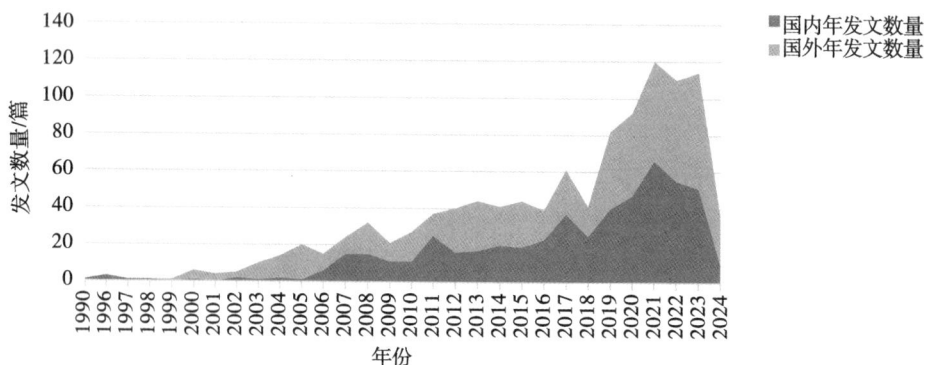

图 1-1　国内外发文数量图

二、研究作者与合作分析

为了了解在供应链弹性研究领域中核心作者以及与之研究合作相关作者的关系，分别绘制出国内外核心作者发文量前 9 的统计图和核心作者合作关系图。根据表 1-1、表 1-2 的数据，国内文献作者中排在前四位的于建军（6篇）、巴志新（5 篇）、何菁（4 篇）、傅骏（4 篇）为该领域的研究做出了较大的贡献，尽管其发文数量相比国内其他作者已经有所领先，然而却远少于国外文献作者中排名前四的 HERKERT J R（76 篇）、CECH E A（56 篇）、DAVIS M（52 篇）、HESS J L（47 篇）。这表明国内作者对于工程伦理教育虽然已有研究，但是研究深度较国外较少，专门研究该主题的学者较少。

图 1-2、图 1-3 中展示了作者之间的合作关系，作者间的连线越多代表合作越多，连线越粗表明合作越紧密。可以看到国内作者之间虽然有合作，但是只有少数合作中心，大多数学者仍然处于各自为战的状态。而国外作者的合作较多，有较多合作中心，作者间的连线也更为清晰，表明其间的合作更为紧密。这可能与工程伦理教育在西方国家起步较早以及我国近年来的教育与研究政策更加注重科技进步与经济发展有关。近年来，随着国内经济发展进入追求"新常态"的阶段，工程伦理教育也逐渐成为热点，作者间的合作预期会有所增加。

表 1-1　国内核心作者发文数量统计

发文数量/篇	最初发文年份	作者
6	2011	于建军
5	2007	巴志新
4	2012	何菁
4	2012	傅骏
3	2015	吴静
3	2023	巨佳
3	2021	李诚
3	2017	杨斌
3	2023	王珏

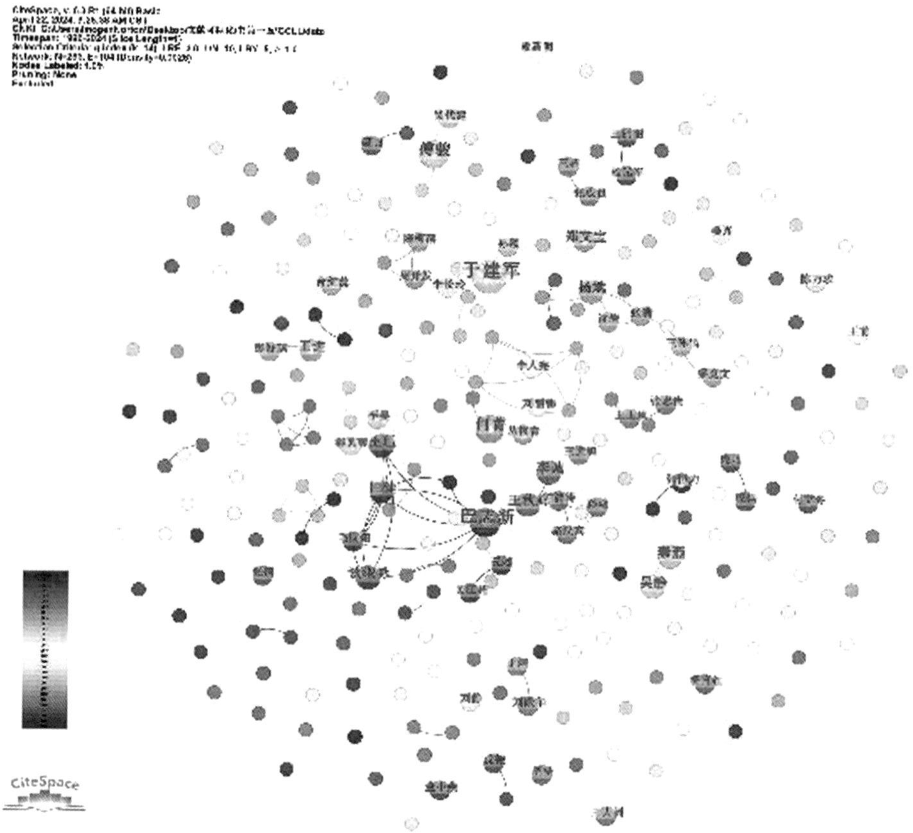

图1-2 国内作者合作关系知识图谱

表1-2 国外核心作者发文数量统计

发文数量/篇	最初发文年份	作者
76	2014	HERKERT J R
56	2015	CECH E A
52	2014	DAVIS M
47	2018	HESS J L
45	2014	COLBY A
35	2017	CONLON E
34	2015	MITCHAM C
32	2014	HARRIS C E
32	2015	ZANDVOORT H

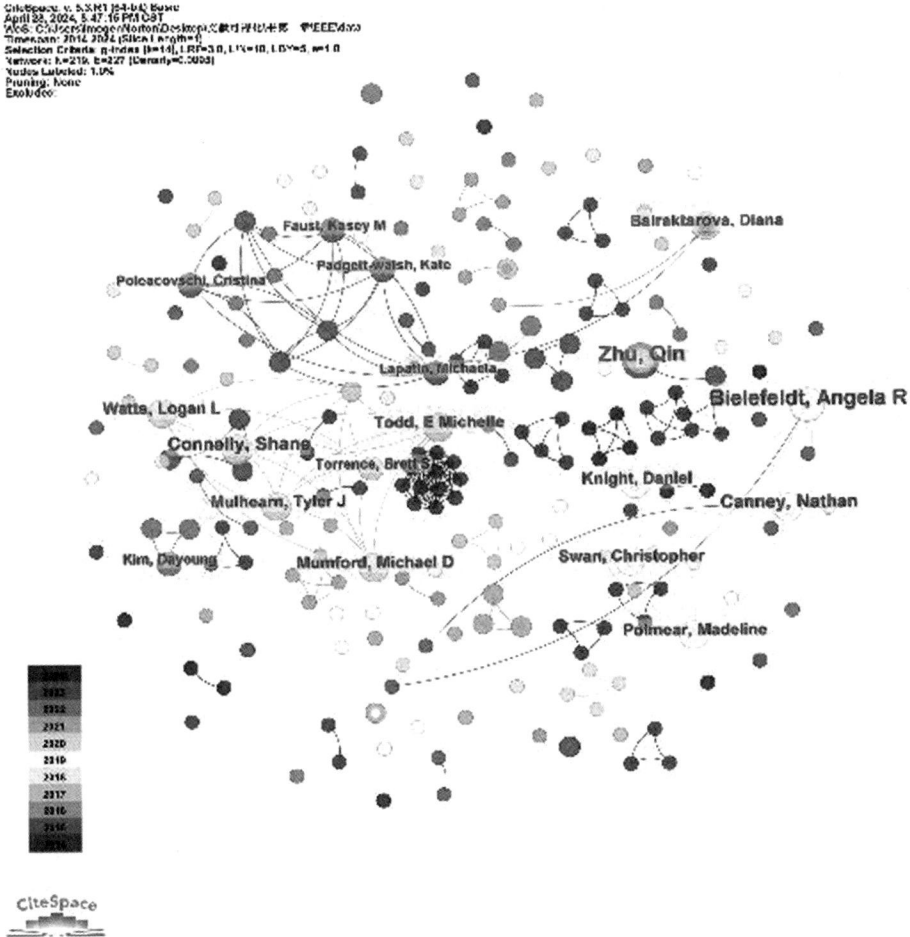

图 1-3　国外作者合作关系知识图谱

三、发文机构与合作分析

　　国内外供应链弹性领域中的研究机构如图 1-4、图 1-5 所示。国内文献发表机构主要以清华大学教育研究院、南京工程学院材料科学与工程学院、武汉理工大学政治与行政学院为主，由图中可知，国内各研究机构间的合作较为频繁，但是机构间的合作具有区域性，主要分为北京、南京、武汉三大区域。其中，南京与武汉都围绕一个机构为核心，南京工程学院在南京起到领头羊的作用，武汉则以武汉理工大学为主要研究机构；而北京的研究机构则较为分散。这些城市的研究较多可能是由于其经济发达、教育资源集中、人才聚集。同时，随着中国加入"华盛顿协议"并很快成为正式会员，使得中国工程伦理教育与国际接轨成为迫在眉睫的任务，南京、武汉的一些学者的成功案例形成了示范效应，吸引了该区域其他学者和机构的效仿。

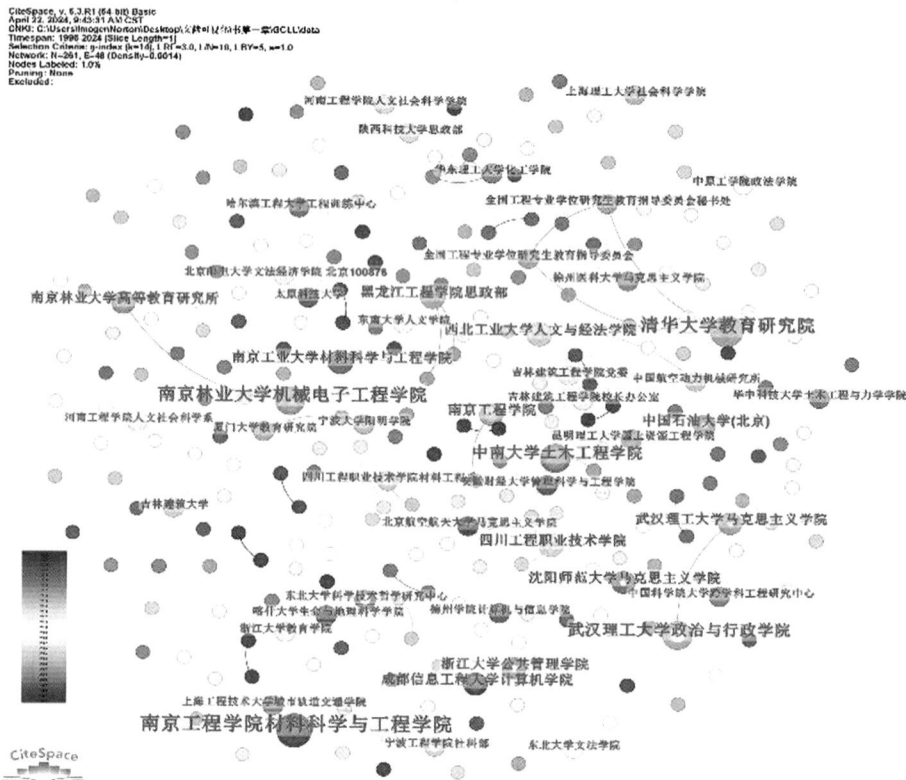

图1-4　国内机构合作关系知识图谱

国外文献发表机构以 Purdue University（普渡大学，美国）、Colorado School of Mines（美国科罗拉多矿业大学，美国）、University of Oklahoma-Norman（俄克拉荷马大学-诺曼分校，美国）、University of Colorado System（科罗拉多公立大学系统，美国）、University of Texas（得克萨斯大学系统）、Eindhoven University of Technology（埃因霍温理工大学）等为主。

国内机构共现图中N（节点数量）为261，E（节点间联系）为48，其密度仅为0.0014；国外机构共现图中N（节点数量）为146，E（节点间联系）为120，其密度为0.0113。

国内关于供应链弹性的研究形成了多个核心机构带动其他机构的研究格局，同时，其余机构也多有合作，但与国外机构的合作程度相比仍有较大的空

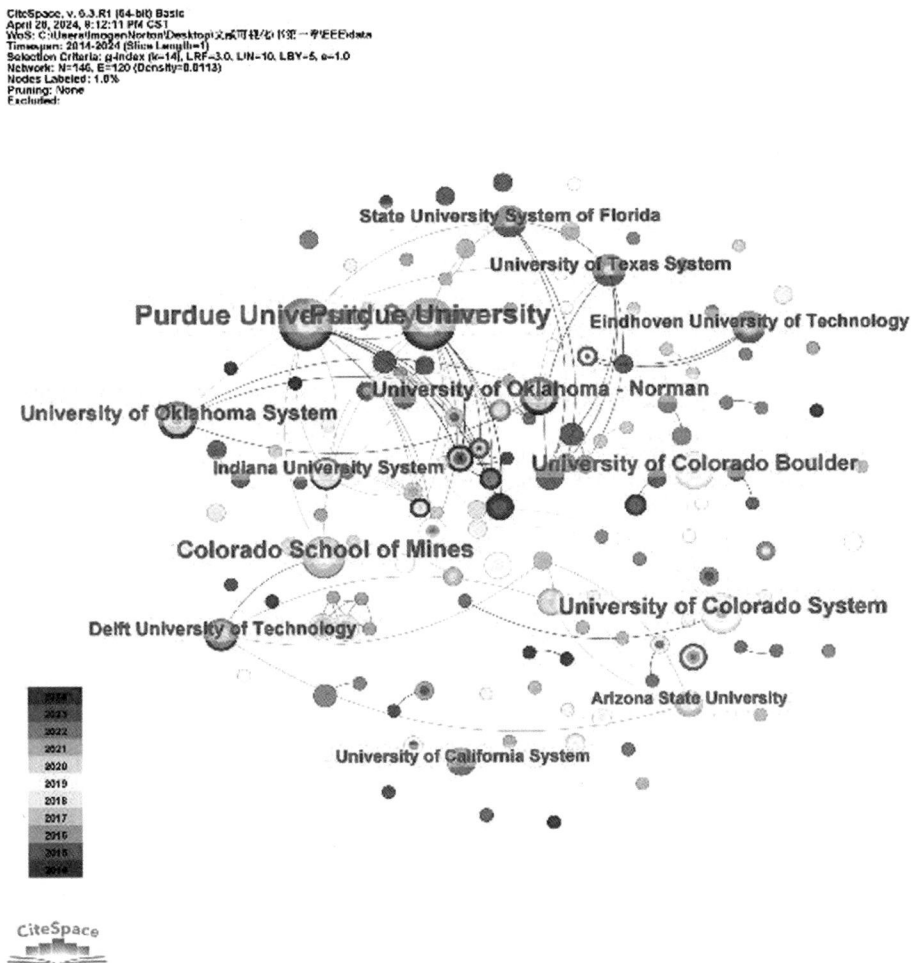

图 1-5 国外机构合作关系知识图谱

间，这与国内经费申请时往往以地区或者机构为单位，同时对机构的限制条件较多有关。

四、工程伦理教育研究关键词聚类知识图谱对比

关键词是从论文内容中高度凝练而得到的，对于理解文章关键内容具有重要作用。通过使用 CiteSpace 软件制作有效文献的关键词共现图谱并进行聚类分析，厘清近年来在供应链弹性领域中所形成的研究主题与热点。国内文献关键词聚类分析如图 1-6 所示，国外文献关键词聚类分析如图 1-7 所示。

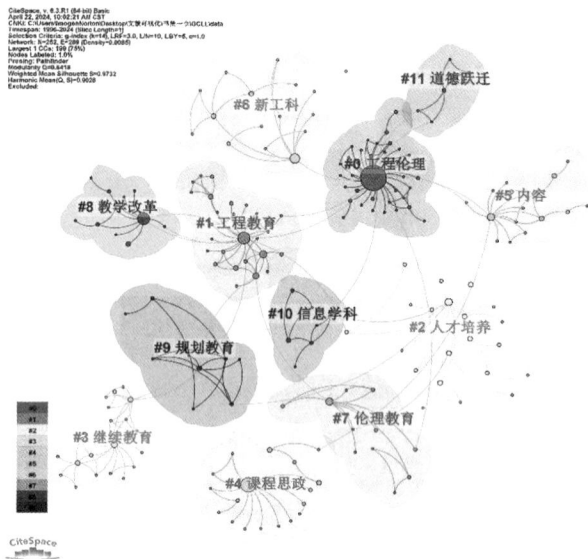

图1-6　国内文献关键词聚类知识图谱

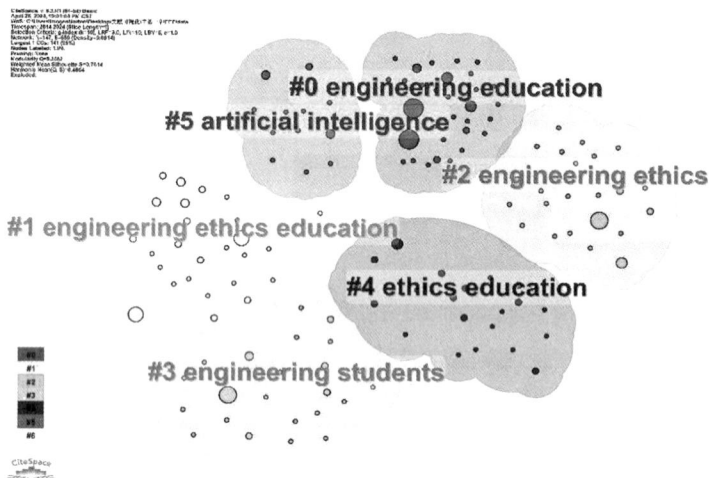

图1-7　国外文献关键词聚类知识图谱

中文文献关键词共形成 11 个聚类，除去与主题词含义重复的聚类 0 与聚类 1，其中规模较大的前 5 个聚类分别是人才培养、继续教育、课程思政、内容、新工科。英文文献中，除去与主题词高度吻合的聚类，规模较大的聚类主要有#3 engineering students（工科学生）与#5 artificial intelligence（人工智能）。

对比可知，从聚类类型上看，国内关于工程伦理教育研究的细分领域较国外更多，国外的研究则更为专注于特定领域。国内外均有所关注的重点内容是人才培养，尽管二者的表达有所区分，但是都从源头考虑工程伦理的教育问题，认为伦理问题要从学生时期抓起。无论是国内或是国外，"工程教育""信息科学""artificial intelligence"等具体的课程都是重点关注的对象，这也说明国内国外不约而同地达成了一定的共识，即工程伦理教育需要做到具体的专业学科与伦理的结合，做到具体学科具体分析，既保留工程伦理教育大类的共性，又分别在各个学科具有独特的特性。

同时，国内外研究的热点部分也有所区分，国内所提出来的课程思政与新工科的主题是基于我国独具特色的政治背景下提出来的，积极结合时代背景、响应时代号召的产物；而国外更强调人工智能与工程伦理教育的结合，这是在国外人工智能技术迅猛发展的背景下顺势而生的热点话题。相比之下，国内虽然也有涉及信息学科的热点，但是研究相对其他主题较少。而在课程思政中备受关注的主题便是"如何教育"，结合不同的教育理论能够创建出不同的教育体系。此外，国内独特的热点话题还有继续教育，这是国外文献中没有重点关注的，学生在学校接受正确的工程伦理观念，但是在步入社会之后仍有可能被不良思想所侵蚀，因而继续教育也显得格外重要。

五、工程伦理教育研究演化脉络及研究趋势分析

工程伦理教育在各个时间段的研究进程和演化趋势通过分析关键词的时间线而获得。图1-8、图1-9为供应链韧性主题关键词的时间线知识图谱。

由图1-8可以看到国内研究的热点分布阶段性十分明显，主要根据具体学科的兴起而分为三个阶段：第一个阶段，即21世纪初，工程伦理概念一出现，人才培育就成为重点关注内容，同时在21世纪电子信息技术迅猛发展的背景下，工程伦理教育与信息学科结合的研究也一直贯穿至今；第二个阶段，从2008年起研究内容进一步深化，继续教育、规划教育、新工科与教学改革等主题逐渐成为研究热点；第三个阶段，2020年左右，我国进入发展新阶段，课程思政应运而生，而新工科也重新成为该领域研究中一个较大的热点。

国外的研究则主要以2014年为分水岭，2014年之后，responsible innovation（负责任创新）、artificial intelligence（人工智能）、college admissions（大学招生）等话题的讨论与研究越发火热，主要关注点在于从源头筛选与教育学生，从源头控制科技向善以及与科技发展的现实问题相结合进行研究。

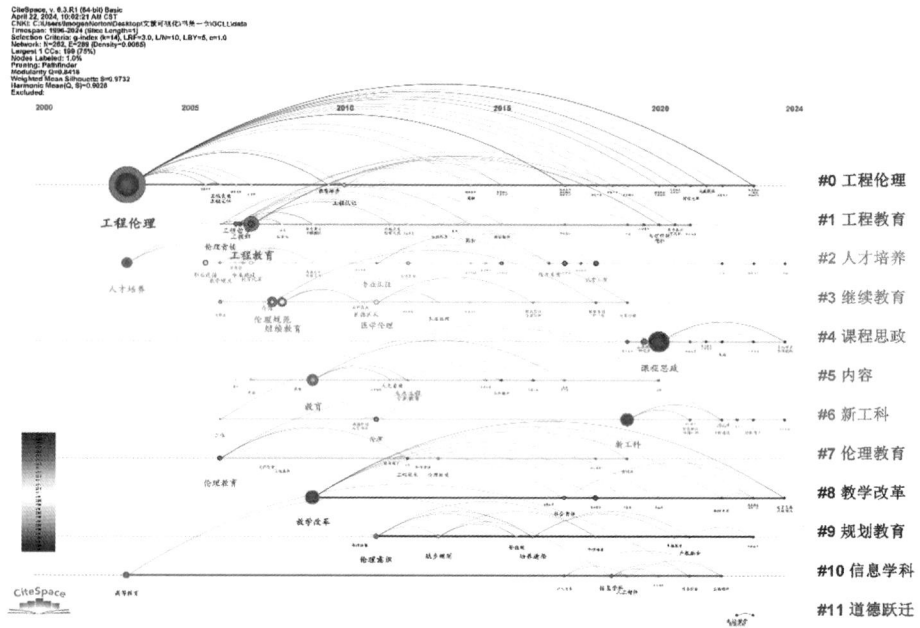

图 1-8　国内文献研究时间线分析

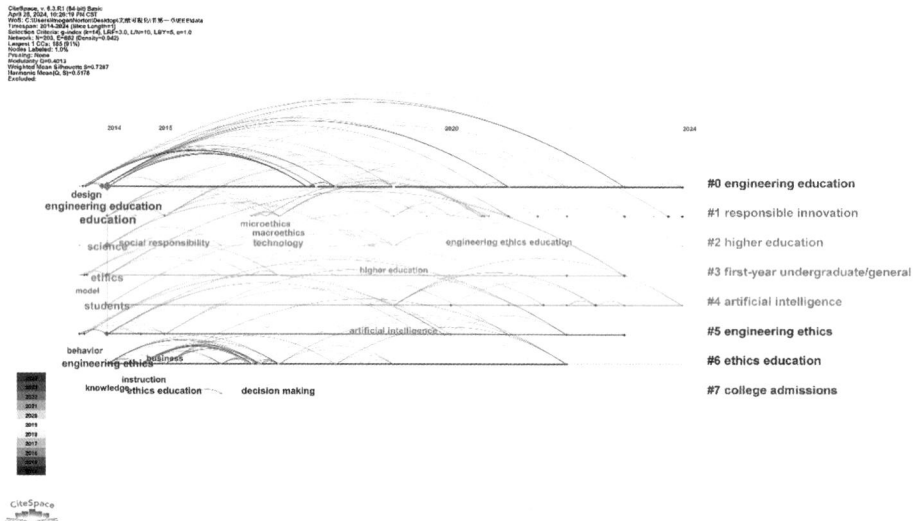

图 1-9　国外文献研究时间线分析

　　根据以上分析可以看到，国内外对于工程伦理教育的内容都较为重视，但更多的是通过学科细分进行分类研究，在结合教育学相关理论对工程伦理教育体系的建立，尤其是针对应用型高校的相关领域有较大的研究空间。

◆◇ 第三节　研究内容与研究思路

一、研究内容

本书首先进行基础理论研究，包括工程伦理的内涵和目标研究、应用型高校的新工科建设的内容体系研究、工程伦理教育理论研究等方面。"新工科"是 2017 年提出的一个新概念，对其研究还没有形成系统，本书梳理应用型高校"新工科"建设的内容体系，厘清"新工科"建设背景下的工程伦理教育的内涵、目标、内在逻辑等主要内容。在此基础上，对"新工科"建设背景下应用型高校工程伦理教育体系化与融合模式进行研究，具体研究内容包括以下四个方面。

1. 基于布鲁姆方法的工程伦理教育目标体系研究

"新工科"建设对应用型高校的建设提出新的要求，培养人才不仅要注重知识传授、技能提升，更要关注价值塑造与引领。工程伦理教育的主要目标包括：情感目标，即养成学生关注伦理问题、做出伦理判断的主动意识；智力技能目标，即培养学生在面对伦理问题时应用道德推理原则、策略做出伦理判断的能力；专业知识目标，即认识工程实践中的伦理准则、典型案例和问题。本书通过布鲁姆教育目标分类学理论，从"知道（知识）—领会（理解）—应用—分析—综合—评价"六个层次构建并梳理应用型高校的工程伦理教育目标体系，明确"新工科"建设背景下应用型高校的工程伦理教育的培养目标。

2. 基于 STS 教育的工程伦理教育内容体系研究

STS 是科学（Science）、技术（Technology）和社会（Society）的简称，STS 教育以解决科学、技术与社会生活之间的关系问题为目的，培养人才对待社会的正确态度。本书基于 STS 教育从微观、中观和宏观三个层次构建工程伦理教育的内容体系。微观工程伦理教育方面，主要围绕"工程师职业伦理"组织教育内容；中观工程伦理教育方面，主要将对企业伦理、行业伦理、工程政策伦理、制度伦理、工程管理伦理、工程安全伦理、工程项目伦理等问题的分析、评论和研究作为教育内容；宏观工程伦理教育方面，主要关注"工程活动与自然、社会之间建立一种和谐关系"，伴随着全球生态危机的加剧，人与自然的关系日趋紧张，工程伦理教育应纳入社会公正性、代际公平性、可持续性等。工程伦理教育不仅仅是开设一门"工程伦理学"相关课程，而且应该将工程伦理意识与思维渗透到整个专业教学过程。通过 STS 教育方法，重构"新工科"建设背景下应用型高校工程伦理教育内容体系，使工程伦理教育整体化、体系化。

3. 工程专业教育与工程伦理教育耦合机制研究

工程专业教育与工程伦理教育在教育目标与教育内容上具有一定的内在联系。本书一方面从教学目标、教学观念、教学内容、教学方法、教学过程等方面剖析工程专业教育与工程伦理教育融合的可能性与条件，探索两者融合的形成机理等。另一方面，发掘应用型高校在建设"新工科"专业中的知识传授、能力提升、价值引领的耦合关系，通过工程专业教育与工程伦理教育的相互促进、相互渗透、相互依赖、相互制约的动态关系，探究之间的耦合关系及动因。

4. 基于 CDIO 的工程伦理教育融合教育模式

CDIO 是一个创新性的教育模式，其目的是培养下一代工程领域的领导者，并强调在构思（Conceive）—设计（Design）—实现（Implement）—运行（Operate）现实世界的系统和产品过程中来学习工程理论和加强工程实践，在高素质、创新型工程科技人才培养方面，体现了工程教育的系统思想、教育环境、培养模式和创新实践。本书借鉴产业融合理论，在实施 CDIO 工程教育的各个阶段可以将工程伦理教育的任务、目标、内容等进行融合教学实践，探究 CDIO 工程教育实施不同阶段中工程伦理教育的共生性、互补性与内生性三种主要融合模式。

二、研究思路

本书围绕"新工科"建设背景下应用型高校的工程伦理教育展开研究。研究基本思路如图 1-10 所示。

首先，通过文献研究法进行基础理论研究，对"新工科"建设要求的工程伦理的内涵与目标进行系统性梳理，对应用型高校的新工科建设的内容体系进行构建与验证研究，对工程伦理教育理论进行综述研究等；其次，采用布鲁姆目标分类方法对工程伦理教育的目标体系进行研究；再次，在目标体系基础上，通过 STS 教育方法对工程伦理教育内容体系进行研究；然后，从教育目标、教育内容等方面对工程专业教育与工程伦理教育耦合关系、形成机理、表

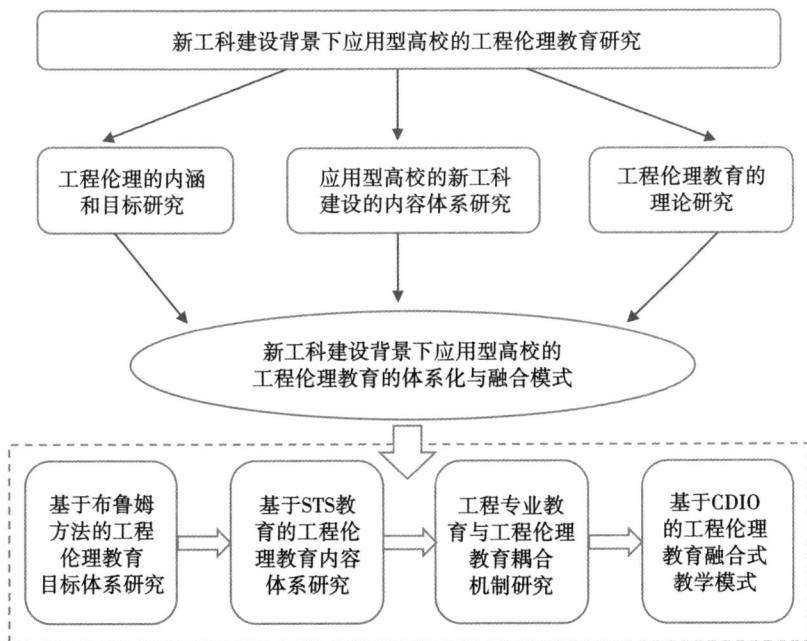

图 1-10　研究思路

现形式以及动因进行探究；最后，将 CDIO 工程教育与工程伦理教育进行融合研究，探索共生性、互补性与内生性三种主要融合模式。

◆ 第四节　研究目的与方法

一、研究目的

（1）提升工程伦理教育在"新工科"专业建设中的重要性。《普通高等学校本科专业类教学质量国家标准》（2018 年版）显示，我国本科有 92 个专业类和 587 个专业，其中工科（可授予工学学位）专业类和专业数分别为 31 个和 234 个，而 234 个工科专业中明确提出开设伦理相关课程的只有 53 个专业，这也表明我国工科专业对工程伦理教育的重要性认识不足。通过本书的研究，能够引起对"新工科"专业建设的重视，避免工程伦理教育的缺失。

（2）构建新工科建设背景下应用型高校工程伦理教育的体系。从工程伦理教育目标与教育内容两方面进行系统化研究，采用布鲁姆方法构建工程伦理教育的目标体系，基于 STS 教育构建工程伦理教育的内容体系。通过目标体系与内容的建立为应用型高校建设"新工科"提供帮助。

（3）促进工程专业教育与工程伦理教育的相互融通。如何在工科专业基础课、专业课和人文社科类公选课或通识课中加入工程伦理内容，将伦理问题有机融入到专业课程设计、毕业设计、生产实践环节等课程中，是衡量"新工科"教育是否面向未来的砝码之一，这也是本书研究的重要目的，通过本书的研究为提高"新工科"专业的工程伦理教育的实效性和针对性提供有益参考。

二、研究方法

1. 文献研究法

通过阅读、学习、整理大量的文献材料，包括"新工科"建设、应用型高校建设、工程伦理教育、CDIO 教育、STS 教育等方面的文献，全面地了解"新工科"建设与工程伦理教育各方面的研究进展。

2. 跨学科研究法

一方面，"新工科"建设具有跨学科的特性；另一方面，工程伦理教育也是一门人文教育和工程教育相互交叉、融合的学科。因此，本书综合运用自然科学和人文社会科学的知识进行跨学科的交叉研究，探索解决伦理问题的方案，寻找可供遵循的规范和原则。

3. 比较分析法

在对欧美发达国家的工程伦理教学进行详细阐述的基础上，本书研究了我国"新工科"建设背景下应用型高校的工程伦理教育研究，包括：工程伦理的内涵和目标研究，应用型高校的新工科建设的内容体系研究，工程伦理教育的理论研究；新工科建设背景下应用型高校的工程伦理教育的体系化与融合模式，包括：基于布鲁姆方法的工程伦理教育目标体系研究，基于 STS 教育的工程伦理教育内容体系研究，工程专业教育与工程伦理教育耦合机制研究，基于CDIO 的工程伦理教育融合式教学模式。

4. 理论与实践相结合的研究方法

本书一方面在理论上进行拓展，以"新工科"建设为研究背景，通过对工程伦理教育的体系化以及融合式模式的探索研究，拓展研究视野与研究内容；另一方面进行实践应用研究，工程伦理教育最终落脚点是教学，为工程专业课的伦理教育与课堂教学提供可借鉴、可复制、可推广的实施方案。

◆ 第五节 研究意义

2017年，教育部高教司推出"新工科"计划，为工程教育的理论和实践探索提供了一个全新的视角，也是对国际工程教育改革发展做出的中国本土化回应，丰富了工程教育"中国经验""中国模式"的内涵。"新工科"包括基因工程、大数据、人工智能等领域，比传统工科更多地涉及伦理道德、隐私保护、安全环保、公共利益等基本问题。习近平总书记在全国高校思想政治工作会议上提出了高校培养什么样的人、如何培养人以及为谁培养人这个根本问题，强调要坚持把立德树人作为中心环节，实现全程育人、全方位育人。如何将立德树人的育人任务落实到"新工科"建设中，是摆在我们面前的一个重要问题。

本书在"新工科"建设背景下探索工程伦理教育问题，为完善"新工科"人才培养体系，创新"新工科"人才培养模式提供理论研究基础。借鉴中国传统道德文化资源和国外工程伦理教育研究理论，是我国特殊社会背景下独具特色的研究内容，对"新工科"建设下工程伦理教育进行系统研究，能够提升工程伦理教育的内涵与目标，丰富工程伦理教育的内容，拓展工程伦理教育的研究视野，推进我国工程伦理教育理论研究发展。

本书研究的实际应用价值是，通过工程伦理教育研究提高"新工科"建设中工程伦理教育的实效性和针对性，有助于厘清"新工科"建设中的工程伦理教育的嵌入方式和模式，促进学生对工程的社会性和实践性的清晰认知，增强学生的工程规划意识和伦理意识，提高学生的伦理敏感性和道德判断力与意志力等，最终促进我国"工程强国"目标的实现。

本章小结

工程伦理教育起源于20世纪70年代的美国，经历了"挑战者"号爆炸等事件后受到重视，逐步制度化。美国前十工程院校中9所引入了工程伦理教学，2000年ABET（美国工程和技术鉴定委员会）将其作为评价标准。德国也发展了相应的工程伦理教育体系，重视技术伦理评估。随着时间的推移，工程伦理教育在全球范围内得到了普及和支持。我国自1998年起重视工程伦理教育，致力于提高工程师伦理意识和决策能力。相关政策如 2021 年《关于加强科技伦理治理的指导意见》和 2023 年《关于加强科技伦理治理的意见》的实施，进一步明确了科技活动中的伦理要求和治理原则。我国所提出的"新工科"建设强调在工程教育中融入伦理教育，培养具有社会责任感和综合素质的工程人才，关注技术与伦理的结合，以避免技术的负面影响。

　　本书主要通过基于布鲁姆方法的工程伦理教育目标体系研究、基于 STS 教育的工程伦理教育内容体系研究、工程专业教育与工程伦理教育耦合机制研究、基于 CDIO 的工程伦理教育融合教育模式，使用文献研究、跨学科研究、比较分析、理论实践相结合等方法，探索新工科建设背景下应用型高校的工程伦理教育的体系化与融合模式。"新工科"计划将立德树人贯穿工程教育，强化工程伦理，促进理论与实践创新，将极大助力中国工程教育发展。

第二章　新工科建设背景下应用型高校的工程伦理教育的理论基础

在当前新工科建设的大背景下，应用型高校在工程伦理教育领域正面临着前所未有的机遇与挑战。新工科建设的核心要义在于培养适应未来工程发展需求的创新型人才，而工程伦理教育正是实现这一目标的重要环节。然而，由于应用型高校与研究型高校在人才培养模式、教育目标等方面的差异，如何在应用型高校中有效开展工程伦理教育，成为了一个亟待解决的问题。

为了深入探讨这一问题，本章首先对相关概念进行界定，以便为后续研究提供清晰的理论基础；其次，分析工程伦理教育在应用型本科高校中的作用，以明确其在人才培养中的重要地位；再次，探讨工程伦理教育的理论基础，以期为应用型高校工程伦理教育提供理论支持；接着，比较应用型本科高校与研究型本科高校在工程伦理教育方面的差异，以揭示二者在人才培养目标、课程设置、教学方法等方面的特点；最后，分析新工科建设背景对应用型本科高校工程伦理教育的影响，以期为应用型高校在新工科背景下开展工程伦理教育提供有益借鉴。

◆◇ 第一节　相关概念界定

工程伦理主要探讨和分析工程活动及其结果与外界之间的各种关系。伦理准则，作为职业对伦理的集体承诺，是工程师在职业实践中应遵守的行为标准。这些准则不仅将道德义务赋予从事相关活动的职业成员，还提醒并引导他们在工作过程中关注与社会和他人利益相关的问题。在工程伦理的决策过程中，伦理原则与规范发挥着核心作用，为伦理推理提供了坚实的基础。在工程伦理的建设中，伦理准则如同明灯，为工程师指明方向。这些准则在多个方面具有重要意义，包括为公众提供服务和保护、为工程师提供行动指导、激发其道德责任感、确立行业共同标准、支持专业人员的负责任行为、促进工程伦理教育、防止不道德行为的发生，以及加强职业形象的塑造。下面来理解这几个概念。

一、新工科

新工科的概念首次在 2017 年的复旦大学综合性高校工程教育发展战略研讨会上提出，其核心在于应对全球化和信息化快速发展带来的挑战。此概念一经提出，就引起了高教界的高度关注，新工科建设的理论研究和以新工科为背景的高等工程教育改革实践随之展开。区别于传统工科，"新工科"立足于新经济和新产业，面向多变的环境和不确定的未来，强调在学科上要继承创新、交叉融合、协调共享，在培养人才上，树人的同时注重立德，培养适应未来发展的创新型、多元化高素质卓越工程人才。新工科强调的不仅是工程学科内容的更新，更重视学科间的交叉融合，如将人工智能、大数据与传统工程学科结合，以培养具备创新能力和解决复杂问题能力的工程人才。新工科教育着力于推动学科界限的打破，促进科学、技术、工程与数学（STEM）之间以及与人文社科之间的融合，为学生提供更广阔的视野和更灵活的思维方式。

二、应用型高校

应用型高校特指那些以培养应用技能和实践能力为主的教育机构，与传统的理论研究型高校（如研究大学）形成了鲜明对比。这类高校的课程设计更侧重于实践操作和技术应用，旨在为学生提供直接参与工业、商业或公共服务领域的专业技能训练。应用型高校强调与企业的合作，通过实习、实训基地和项目驱动学习等方式，紧密结合行业需求，使学生能够快速适应职场环境，提高其就业竞争力。

三、工程伦理学

伦理学，作为一门深入探究人类在社会关系中的行为准则和价值取向的学科，聚焦于人类如何面对生活以及与世界和谐共存的哲学问题。与之相对，工程领域则更侧重于物质世界的改造与利用。然而，这两者的界限并非泾渭分明，工程伦理学便是连接二者的桥梁。它专注于工程活动中与人的精神世界、道德准则相关的议题，旨在探讨工程实践中道德层面的期望、决策、政策与价值。

在工程伦理学的学术领域，它常被表述为"engineering ethics"或"ethics in engineering"，这两种称谓在美国的教科书中尤为常见。其诞生可追溯到美国两起震惊世界的工程事故——福特公司 Pinto 车油箱事件和 DC-10 飞机坠毁事件。这两起事故均因设计缺陷导致重大人员伤亡，而背后的原因则是研发者过于追求利润，忽视了公众的安全与福祉。这些事件引起了社会对工程师职业操守的深刻反思。随着工程活动对社会影响的日益扩大，20 世纪 70 年代的美国开始高度重视工程师的职业道德标准。莱德（John Ladd）提出了工程伦理的"微观"与"宏观"之分，前者关注个体工程师与其相关方的关系，后者则着眼于工程活动与社会、自然的整体关系。1974 年，美国职业发展工程师委员会（ECPD）在修订的工程师伦理规则中明确指出，工程师在职业行为中负有对公众安全、健康和福祉的重大责任。

在《工程伦理概念和案例》一书中，查尔斯·E. 哈里斯等人强调工程伦理的预防性特点，并指出它与其他社会角色的伦理责任有所不同。迈克·W. 马丁和罗兰·辛津格则进一步阐述了工程伦理学的核心，即工程师在工程中应持有的责任、权力、理想和个人承诺，以及如何在复杂的道德抉择中做出正确的判断。

具体而言，工程伦理学致力于引导工程技术人员在职业活动中，对雇主、公众、环境、社会和未来承担起应有的责任。当个人利益与公众利益、局部利益与全局利益、经济效益与环境效益发生冲突时，它帮助工程师在现实需要与长远价值之间做出明智的抉择。

四、工程伦理教育

工程伦理教育是高等院校工程专业服务于工程实践的伦理学教育，是工程教育融合伦理教育的产物，是工程教育由注重科学技术教育和工程能力向关注工科大学生的思想、价值、道德、规范等方面的培养的转变，旨在培养工科大学生辨识责任边界，提高他们的社会责任感、伦理道德意识和思想政治素质。加强工程伦理教育，提高工程实践者的伦理道德意识，是工程教育的核心。工程伦理教育是高等工程教育中不可或缺的一部分。就工程伦理教育的内容而言，工程伦理教育应当涵盖工程技术伦理、工程职业伦理和工程社会伦理。工程技术伦理包括各种技术决策和判断，涉及工程所需材料的选择、组件的安排、制造方法的设计、安全因素的考虑等。在这一层次上，工程参与者最关心的是功能实现问题，即如何创造出一个工程产品或是成果。工程伦理教育关注于培养学生的伦理判断能力和责任感，确保他们在从事工程实践时能够遵循伦理标准和职业道德规范。这种教育不仅涵盖技术伦理，如确保技术设计和实现的安全性和可靠性；还包括职业伦理，如诚信、公正和尊重他人权益；以及社会伦理，关注工程项目对环境和社会的影响，强调可持续发展和社会责任。工程伦理教育的目的是使工程师能够在技术和社会需求之间找到平衡，促进科技的健康发展和人类福祉的提升。

◆◇ 第二节　应用型高校的工程伦理教育内容

随着新工科建设的深入推进，应用型高校在工程教育领域的角色日益凸显。在这一背景下，工程伦理教育的重要性不言而喻，它不仅是培养学生综合素质的关键环节，也是确保工程活动符合社会、伦理和法律规范的重要保障。因此，需要清楚了解应用型高校的工程伦理教育内容。

一、工程伦理基本原则教育

在新工科建设中，工程伦理的基本原则教育应当放在首位。这主要包括两个方面的内容：以人为本的核心理念和责任担当的社会角色。其中以人为本的核心理念这一原则强调工程活动应始终以人的福祉为出发点和落脚点。在教育过程中，应着重强调工程师要关注人的安全、健康和尊严，确保工程成果能够惠及人类社会。责任担当的社会角色是培养学生明确自己作为未来工程师的社会角色及要承担的社会责任。通过教育，使学生坚定在工程伦理决策中的立场，始终坚守职业道德和社会责任。

二、工程伦理规范教育

在掌握基本原则的基础上，学生还需了解并遵守工程伦理规范。这主要包括：诚信原则的教育和公正原则的培养。其中诚信原则的教育是指诚信是工程实践中的基石。教育学生在工程实践中应坚守诚信，不抄袭、不剽窃、不弄虚作假，确保工程成果的真实性和可靠性。公正原则的培养是指在工程决策中，公正性至关重要。引导学生保持公正立场，不偏袒任何一方，确保工程利益的公平分配，维护社会公平正义。

三、工程伦理实践教育

除了理论教育外，实践教育也是工程伦理教育的重要组成部分。这主要包括：案例分析的引入和角色扮演的体验。其中案例分析的引入是通过引入真实的工程伦理案例，让学生分析、讨论并尝试提出解决方案。这有助于提高学生的伦理意识和处理实际问题的能力，使他们在面对复杂的工程伦理问题时能够迅速做出正确的判断和决策。角色扮演的体验是通过模拟工程实践中的场景，让学生扮演不同的角色，如工程师、项目经理、利益相关者等。这种体验式教学有助于学生更深入地理解工程伦理问题，增强他们的同理心和沟通能力。

四、工程伦理与可持续发展教育

在新工科建设中，可持续发展是重要的发展方向。因此，工程伦理教育也应关注可持续发展问题。在工程实践中，应关注环境保护问题，减少对环境的负面影响。通过教育，使学生认识到保护环境的重要性，并在工程设计中采取相应的措施来降低对环境的破坏。同时教育学生在工程设计中应注重资源的合理利用和节约，提高资源利用效率。通过优化设计方案、采用新技术等方法来降低资源消耗和浪费现象的发生。

五、工程伦理与科技创新教育

科技创新是推动社会进步的重要动力。在科技创新过程中，遵循伦理原则同样至关重要。培养学生在科技创新过程中遵循伦理原则的意识。使他们认识到科技创新不仅是为了追求经济利益和技术进步，更是为了推动人类社会的可持续发展和进步。引导学生在创新过程中承担起相应的伦理责任。通过教育使学生明白科技创新需要遵循道德规范和法律法规的要求，防范科技滥用和伦理风险的发生，确保科技创新的健康发展。

总之，新工科建设背景下应用型高校的工程伦理教育内容应涵盖工程伦理基本原则、规范、实践以及与可持续发展和科技创新相关的伦理教育。这些内容旨在培养学生的伦理意识和责任感，使他们在未来的工程实践中能够自觉遵守伦理规范，做出正确的决策。

◆◇ 第三节　工程伦理教育在应用型本科高校中的作用

近年来，随着我国"两个一百年"战略目标、"一带一路"倡议、"中国制造2025"和"工业4.0"等重大战略的快速推进，我国正稳步从工程大国向工程强国迈进。然而，工业发展的同时，工程活动的双重性影响也愈发凸显。一方面，它极大地丰富了人类社会的物质生活，为我们的生活带来了前所未有的便利；另一方面，它也带来了诸多危机和灾难，如工程事故、生态问题以及社会问题，这些都引发了人们的深思。工程活动所带来的种种问题和困境，使得加强工程伦理教育的紧迫性日益显现。

2017年2月，教育部启动了新工科计划，以"复旦共识""天大行动""北京指南"为指引，致力于工程教育的新理念、学科专业的新结构、人才培养的新模式、教育教学的新质量以及分类发展的新体系等方面的建设。新工科旨在培养具备解决复杂工程问题能力的工程科技人才，同时要求他们具备系统地协调经济、社会、政治、环境、伦理等多方面问题的能力。在此背景下，工程伦理素质的培养成为了新工科建设的核心内容之一，对于培养高素质、全面发展的工程科技人才具有重要意义。

在应用型本科高校中，工程伦理教育占据了核心的地位，旨在塑造学生的职业道德和社会责任感。随着科技的迅猛发展和工程实践的复杂性增加，工程师在面对道德和技术挑战时，需要更为坚实的伦理基础。本书旨在探讨在新工科建设背景下，工程伦理教育在应用型本科高校的实施如何培养学生适应技术变革和社会发展的需求。

国际上，工程伦理教育被视为工程师教育的核心组成部分。美国工程技术认证委员会（ABET）要求所有工程项目都必须包含伦理教育内容，以确保毕业生能够理解和应对职业实践中的伦理挑战。在国外，尤其是美国，工程伦理教育在应用型本科高校中扮演着重要角色。它不仅是提升工程技术类人才素质的迫切需要，也是应用型本科教育的重要内容。工程伦理教育强调在培养学生的专业技能的同时，也要培养他们的伦理意识和社会责任感。这意味着学生不仅要学会如何运用技术，还要学会如何在面对伦理困境时做出符合道德和社会责任的决定。随着产业的转型升级，应用型本科高校面临着培养更高层次人才的挑战。工程伦理教育能够帮助学生更好地理解和应对工程活动中的实际问题和科技发展所产生的多方后果，从而满足产业转型升级的需求。同时，工程伦理教育通过案例分析、团队合作、实践训练等方式，使学生能够在实际情境中学习和应用伦理原则，从而提升他们的社会责任感。随着全球化的深入，工程伦理教育也在国际化方面进行了探索和创新。这有助于学生培养全球意识和跨文化交流能力，以适应全球化背景下的工程实践需求。

工程伦理教育在应用型本科高校的实施具有重要意义，它不仅能够提升学生的职业道德和社会责任感，而且还能够为他们未来在工程实践中面对道德和技术挑战做好准备。在新工科建设背景下，工程伦理教育的重要性愈加显著，因为新工科的目标是培养能够适应快速变化的技术和社会需求的工程师。实际上，工程伦理教育在应用型本科高校中的作用可以从实践和理论两个角度来看。

一、实践角度的作用

从实践的角度看，工程伦理教育通过各种教学手段，如案例分析、角色扮演、团队讨论和情境模拟等，使学生在真实或模拟的环境中学会如何做出伦理决策。例如，通过分析历史上的工程失败案例，如塔科马海峡大桥崩塌事件，教育学生在工程设计和实施过程中考虑到安全性的重要性。这类案例教学不仅能够帮助学生理解工程决策的复杂性，还能够让他们认识到工程师在保障人民生命安全和社会福利中的关键角色。

进一步地，情境模拟活动可以使学生置身于需要迅速做出伦理判断的场景中，如模拟一个工程项目中出现的环境污染问题，要求学生在成本、进度和环保之间做出权衡。通过这样的实践活动，学生能够体验到实际工作中可能遇到的伦理困境，学习在压力下坚持伦理原则的重要性。

二、理论角度的作用

从理论的角度，工程伦理教育着重于伦理理论的教育和应用，包括功利主义、康德伦理学、义务论和美德伦理学等。这些理论提供了不同的视角和方法来分析和解决伦理问题。例如，功利主义强调行为应以增进最大多数人的幸福为目标，这在评估工程项目的社会影响时尤为重要。康德伦理学则强调道德义务和原则的重要性，强调工程师应遵循不可违背的道德准则，如诚实和公正。

通过课堂讨论和理论学习，学生可以提高其批判性思维能力，学会从多个角度评价工程决策的伦理层面。此外，教授学生如何应用这些理论来处理现实中的工程伦理问题，可以增强他们解决复杂问题的能力，使他们在未来的职业生涯中成为既有技术能力又有强烈伦理觉悟的工程师。

在应用型本科高校中，教育者应采用创新的教学方法来提高工程伦理教育的效果。例如，利用数字化工具和在线平台进行伦理教育，可以使学习更加灵活和互动，也可以利用虚拟现实技术来创建更为真实的工程伦理困境场景，让学生在没有实际后果的情况下进行决策练习。

应用型本科高校在工程伦理教育中应采取创新的教育方法，以提高教学效果。当前数字化工具和在线教育平台为伦理教育提供了新的可能，如使用虚拟现实（VR）技术模拟工程伦理困境，允许学生在无风险的环境中进行决策练习。此外，跨学科的课程设计也非常关键，例如结合工程学、哲学、社会学和环境科学，使学生能从多学科角度理解并解决伦理问题。

当前，我国工程伦理教育正逐步从理论教学转向实践导向，注重培养学生的实际操作能力和伦理决策技能。同时，随着"一带一路"倡议的推进和国际合作的加深，我国的工程伦理教育也在积极吸收国际先进经验，推动课程体系和教学方法的创新。未来，预计我国工程伦理教育将更加注重跨学科融合，强化国际视野，以适应全球化背景下的工程实践需求。

综上所述，工程伦理教育在应用型本科高校中的作用不容忽视，它对于塑造工程师的专业素养、提升工程实践的质量具有重要意义。无论是国内还是国外，都需要不断深化和完善工程伦理教育体系，以培养更多具备高度伦理意识和社会责任感的工程技术人才。

因此，应用型本科高校应探索和采用创新的教育方法来提高工程伦理教育的效果。利用数字化工具和在线平台可以使学习更加灵活和互动，虚拟现实技术则能提供更加真实的工程伦理困境场景，让学生在无风险的环境中锻炼决策能力。此外，跨学科的课程设计，将哲学、社会学、环境科学等领域的知识与工程学结合，可以增强学生从多角度理解和处理伦理问题的能力，促进其全面发展。工程伦理教育在应用型本科高校中扮演着至关重要的角色，不仅通过实践教学加深学生的伦理知识，还通过理论学习提高他们的批判性思维和决策能力。随着技术的发展和工程实践的不断进步，工程伦理教育的内容和方法也应不断更新，以培养能够面对未来挑战的工程师。

◆◇ 第四节　工程伦理教育的理论基础

一、工程伦理教育的重要性

在工程教育的广阔领域中，工程伦理教育占据着举足轻重的地位。随着科技的飞速发展和社会对工程师需求的日益增长，不仅要关注工程师的技术能力和专业素养，更要重视其道德素质和伦理观念的培养。下面，将从两个方面深入探讨工程伦理教育的重要性。

1. 培养德才兼备的工程人才

新工科建设的核心目标在于培养能够适应未来社会发展需求，具备创新精神、多元化技能和卓越素质的高素质工程人才。这一目标的实现，不仅要求工程师具备精湛的技术能力和扎实的专业知识，更需要他们具备高尚的道德品质和坚定的伦理观念。

工程伦理教育作为提高工科学生工程伦理素养的关键途径，旨在培养学生对职业道德和伦理规范的深刻理解和自觉遵守。通过系统的工程伦理教育，学生能够明确自己在工程实践中的责任和义务，形成正确的价值观和道德观，从而在职业生涯中保持高尚的道德风尚和卓越的伦理素质。

这种德才兼备的工程人才不仅能够在技术领域中取得卓越成就，更能够在社会实践中发挥积极作用，推动社会的和谐发展和进步。

2. 应对工程实践中的伦理挑战

在工程实践中，工程师往往面临着复杂多变的道德困境和伦理冲突。这些挑战可能来源于技术本身的不确定性、利益相关者的多元性、社会环境的复杂性等多种因素。工程师需要在这些挑战中做出正确的决策和行动，以确保工程活动的合法合规、安全可靠和可持续发展。

工程伦理教育的重要性在于，它能够为工程师提供应对这些伦理挑战的必要知识和能力。通过深入学习和探讨工程伦理理论、案例分析、实践演练等内容，工程师能够了解各种伦理问题的本质和根源，掌握处理伦理问题的基本方法和技巧。这将有助于工程师在工程实践中更加自觉、理性地应对各种伦理挑战，确保工程活动的合法合规和可持续发展。

此外，工程伦理教育还能够引导工程师树立正确的价值观和道德观，形成坚定的伦理信念和道德追求。这将使工程师在面对道德困境和伦理冲突时，能够坚守自己的道德底线和伦理原则，不断追求更高的道德境界和伦理水平。

综上所述，工程伦理教育在培养德才兼备的工程人才和应对工程实践中的伦理挑战方面发挥着重要作用。应当充分重视工程伦理教育的地位和作用，加强对其的研究和实践，以推动工程教育的全面发展和进步。

二、工程伦理教育的目标与内容

在工程教育中，工程伦理教育的目标与内容具有深远的学术和现实意义。它不仅仅是一种知识传授的过程，更是培养学生全面道德素质和能力提升的过程。以下从知识目标、情感目标和行为目标三个方面，对工程伦理教育的目标与内容进行阐述。

首先是知识目标。工程伦理教育首先旨在向学生传授相关的道德伦理知识。这些知识包括伦理原则、价值观和道德规范等，它们构成了工程伦理的基石。通过学习这些知识，学生能够更好地理解工程伦理的内涵和重要性，从而增强他们在面对复杂工程问题时的伦理敏感性和道德判断力。具体来说，学生需要掌握工程伦理的基本原则，如尊重生命、尊重自然、公正公平等；了解工程领域的道德规范，如诚信、责任、保密等；同时，还需要了解不同文化背景下的伦理观念和价值观，以便更好地适应全球化的工程实践。

其次是情感目标。工程伦理教育不仅关注知识的传授，更重视对学生道德情感和情绪素养的培养。这包括引导工程师培养正义感、责任感和同理心等道德情感，使他们在工程实践中能够始终保持公正、正直、诚实的态度。这种道德情感的培养，有助于学生形成坚定的道德信念和伦理追求，从而在面对道德困境时能够坚守自己的道德底线。同时，情感目标还强调培养学生的情绪管理能力，使他们在面对压力和挑战时能够保持冷静、理智和乐观的态度，从而更好地应对工程实践中的各种挑战。

最后是行为目标。工程伦理教育的最终目的是培养工程师的道德行为和职业规范。这包括引导工程师了解并遵守伦理规范，确保他们在工程实践中能够遵循道德准则，做出符合伦理要求的决策和行为。具体来说，行为目标要求学生掌握并遵守知识产权、维护机密性等基本职业规范；同时，还需要避免徇私舞弊、滥用权力和误导公众等不道德行为。此外，行为目标还强调培养学生的实践能力和创新精神，使他们在面对复杂的工程问题时能够运用所学知识进行独立思考和创造性解决。

总之，工程伦理教育的目标与内容涵盖了知识、情感和行为三个方面。通过全面而深入的教育过程，学生将能够形成坚实的道德基础和全面的伦理素养，为未来的工程实践奠定坚实的基础。

三、工程伦理教育的实施路径

在工程教育体系中，工程伦理教育的实施路径是确保教育目标得以实现的关键。随着新工科建设的推进，工程伦理教育需要与时俱进，适应新时代对人才的新要求。

1. 深化教育目标和内容

首先，工程伦理教育需要深化其教育目标和内容。针对新工科建设对人才的新要求，工程伦理教育应当注重向学生传授新兴科技领域的伦理知识。随着人工智能、大数据、生物技术等领域的快速发展，这些领域所带来的伦理挑战也日益凸显。因此，工程伦理教育需要紧跟科技发展的步伐，不断更新教育内容，使学生能够在掌握专业知识的同时，也具备应对新兴科技领域伦理挑战的能力。

此外，工程伦理教育还应注重培养学生的伦理意识和道德判断能力。通过案例分析、角色扮演等方式，让学生在实际情境中感受和理解工程伦理的重要性，提高他们的伦理敏感性和道德判断力。

2. 推动价值理性回归

在工程伦理教育中，需要引导学生正确处理义利关系，明确工程技术的真正价值在于服务社会、造福人类。工程技术的发展和应用，应当始终遵循以人为本的原则，尊重人的尊严和权利，促进社会的公平和正义。因此，工程伦理教育需要强调价值理性的重要性，引导学生树立正确的价值观和道德观，使他们能够在工程实践中始终坚持正确的价值导向。

3. 构建协同机制以实现资源共享

工程伦理教育的实施需要高校、企业、行业协会等多方合作，共同推进其发展。通过构建协同机制，可以实现资源共享和优势互补，提高工程伦理教育的质量和效果。高校可以与企业、行业协会等合作，共同制定教育目标和课程大纲，共同开发教材和案例，共同开展教学和研究活动。此外，高校还可以与企业合作建立实习基地，让学生在实践中感受和理解工程伦理的重要性，提高他们的实践能力和综合素质。

4. 引入宏观伦理以促进交叉融合

在新工科背景下，工程伦理教育需要注重宏观伦理的引入，促进不同学科之间的交叉融合。宏观伦理关注的是整个人类社会的伦理问题，它涉及政治、经济、文化等多个方面。通过引入宏观伦理，可以让学生更好地理解工程实践与社会、文化、政治等方面的关系，培养他们的综合素养和全球视野。同时，宏观伦理的引入还可以促进不同学科之间的交叉融合，使工程伦理教育更加全面和深入。

5. 加强继承创新以推进本土化

在借鉴国际先进经验的基础上，工程伦理教育需要结合我国实际情况和文化传统，加强继承与创新，推进本土化进程。我国有着悠久的文化传统和丰富的伦理资源，这些都可以为工程伦理教育提供有力的支撑。因此，在工程伦理教育中，需要注重挖掘和传承我国优秀的伦理文化，同时结合现代科技发展的特点，进行创新和发展。通过加强继承与创新，可以使工程伦理教育更加符合我国国情和文化传统，提高其实用性和针对性。

综上所述，新工科建设背景下应用型高校的工程伦理教育理论基础主要包括工程伦理教育的重要性、目标与内容以及实施路径等方面。这些理论基础为应用型高校开展工程伦理教育提供了有力的支撑和指导。

◆◇ 第五节　应用型本科高校与研究型本科高校工程伦理教育的比较研究

在现代工程教育中，伦理教育的重要性不断增强，尤其是在培养学生面对复杂工程实践问题时作出负责任决策的能力方面。应用型本科高校和研究型本科高校作为两种不同类型的教育机构，在工程伦理教育方面展现出各自的特色和差异。

在中国，应用型本科高校通常侧重于培养学生的实践能力和职业技能。在工程伦理教育方面，这类高校往往通过案例教学、模拟实训等方式，使学生能够在实际操作中理解和应用工程伦理的原则。考核方式可能包括课程论文、实践报告、小组讨论等，强调学生的实际应用能力。而研究型本科高校则更注重理论研究和创新能力的培养。在工程伦理教育中，这类高校可能会开设专门的伦理学课程，探讨工程实践中的伦理问题，并通过学术论文写作、研讨会等形式深化学生对伦理问题的理解。考核可能更侧重于理论分析和批判性思维的展示。

在国外，如根据《华盛顿协议》进行工程教育认证的应用型本科高校，其工程伦理教育通常融入到工程专业课程中，强调工程师在实践中应遵守的职业道德和责任。认证过程中会评估学校是否有效地将伦理教育整合到课程体系中，并确保学生能够在未来的职业生涯中应用这些知识。研究型本科高校的工程伦理教育则可能更多地体现在研究生课程和高阶本科课程中，鼓励学生进行原创性的研究，并在研究过程中体现伦理考量。这些高校可能会设立专门的伦理中心或研究所，推动伦理教育和研究的深入发展。

在考核层面，教师在考核工程伦理教育时，需要设计合理的评估机制，确保学生不仅掌握伦理知识，还能在实践中应用。这可能包括设计情景模拟、案例分析、伦理决策练习等，以评估学生的伦理判断和决策能力。而学生在接受工程伦理教育时，需要积极参与课堂讨论，主动学习相关案例，以及在项目实践中体现伦理意识。学生可以通过撰写反思日记、参与伦理辩论、完成与伦理相关的实践项目等方式，展示自己对工程伦理的理解和应用。

接下来从课程内容、教学方法、学生反馈与教育效果等多个维度，深入探讨两类高校在工程伦理教育方面的不同之处。

一、课程内容的差异

应用型本科高校通常更注重将工程伦理教育与实际工程实践相结合。在课程设计上，它们倾向于包含丰富的案例分析、实际工程问题讨论以及相关法律和政策的介绍。这种类型的高校强调工程伦理的应用性，课程内容往往围绕具体工程伦理问题如知识产权、环境保护、职业健康与安全等展开讨论（Borenstein et al., 2010）。

研究型本科高校则更强调理论研究和原则分析。其工程伦理教育内容更加倾向于探讨伦理学理论、道德哲学及其在工程实践中的应用。这类高校的课程可能涵盖更广泛的理论知识，如伦理学的基本原理、道德判断的理论框架以及跨文化伦理问题的探讨。

二、教学方法的差异

应用型本科高校在教学方法上倾向于采用更多的互动式教学和团队项目。

例如，通过小组讨论、角色扮演和项目式学习，鼓励学生参与到解决实际工程伦理问题中。此外，这些高校可能会与企业合作，安排学生参与到真实的工程项目中，以提升他们解决实际问题的能力。

研究型本科高校则更多采用传统的讲座和独立研究的方式。讲座通常由具有深厚理论背景的教授授课，重点讲解伦理理论和原则。独立研究则鼓励学生深入探讨特定的工程伦理问题，通过文献综述、理论分析等方式，培养其批判性思维和独立研究能力。

三、学生反馈与教育效果的比较

应用型本科高校的学生通常对与实际工程实践紧密结合的课程内容和互动式教学方法给予积极反馈。他们认为这种教学模式有助于理解和应用工程伦理知识，提高解决实际问题的能力。然而，也有声音指出，过于侧重实践可能会忽略对基础理论知识的系统学习。

研究型本科高校的学生则更加重视伦理理论和原则的学习。他们认为这有助于建立扎实的理论基础，对于深入理解复杂的伦理问题和发展长远的职业生涯具有重要意义。但同时，也存在对课程与实际工程实践联系不够紧密的担忧。

综上所述，无论是国内还是国外，应用型本科高校与研究型本科高校在工程伦理教育上都各有侧重，但共同的目标是培养具有良好职业道德和责任感的工程师。通过不同的教学方法和考核机制，这些高校旨在确保学生在未来的工程实践中能够做出符合伦理标准的决策。

◆◇ 第六节 新工科建设背景对应用型本科高校工程伦理教育的影响

随着技术的快速发展和工程领域需求的变化，新工科建设已经成为高等教育改革的重要方向。在这一背景下，应用型本科高校的工程伦理教育也面临着更新和改革的需求。在新工科建设的背景下，应用型本科高校的工程伦理教育面临着新的挑战和机遇。以下从国内与国外两个方面，并从不同角度探讨新工科背景对工程伦理教育的影响。

从国内来看，中国的新工科建设旨在推动工程教育的创新发展和质量提升，强调跨学科融合、产教融合、国际化合作等特点。在这一背景下，应用型本科高校的工程伦理教育需更加注重实践导向和产业需求对接。工程伦理教育不仅要传授伦理知识，还要培养学生的伦理判断力和责任感，使其能够在面对复杂工程问题时，做出符合社会伦理和技术伦理的选择。

对应用型本科高校工程伦理教育的影响可以从课程内容创新和教学方法创新两方面来讨论。

一、课程内容创新

在新工科建设的背景下，工程伦理教育经历了深刻的变革，课程内容的扩展和更新不仅符合了当前教育的需求，还反映了全球工程实践中对伦理的新期待。新工科强调跨学科整合和前瞻性思维，因此，工程伦理教育也必须适应这种变化，以培养具有全球视野和高度责任感的工程师。

1. 从传统到现代：课程内容的演变

传统的工程伦理教育主要集中于教授基本的道德原则和工程师的职业责任，如诚实、公正、尊重他人和保密等（Felder & Brent，2003）。然而，随着工程领域对可持续发展和社会责任的需求日益增长，现代的课程设计已经开始适应这些新的教育要求。今天的工程伦理课程不仅包括了传统的道德原则，而且增加了关于环境伦理、全球伦理以及技术与社会互动关系的内容，使得课程更加全面和现代化。

2. 跨学科的课程设计

新工科的一个显著特点是强调跨学科学习，这在工程伦理的教学中表现得尤为明显。通过结合环境科学、社会学和工程设计等不同学科，新的课程设计使学生能够全面地理解工程决策对环境和社会的潜在影响。例如，通过分析真实世界中的工程案例，学生可以学习如何在确保技术创新的同时，考虑到环境保护和资源的可持续利用。

这种跨学科的方法不仅增强了学生的问题解决能力，而且提高了他们在伦理决策中考虑复杂因素的能力。学生在探讨如何在城市规划、能源开发或生物技术应用中实现环境和社会的和谐共生时，能够更加深刻地理解工程伦理的重要性。

3. 面对新兴技术的伦理挑战

新工科建设还涉及最新技术的伦理探讨，如人工智能、大数据和生物工程等领域的快速发展，带来了一系列新的伦理问题和挑战。在课程中加入这些内容，使学生能够面对未来可能遇到的伦理问题进行有效的分析和决策。例如，人工智能的发展引发了关于隐私、自动化失业和决策公正性的伦理问题。通过讨论这些问题，学生不仅能了解到技术的潜在风险，还能探讨如何通过伦理指导原则来设计和实施技术，确保它们的应用能够促进社会的整体福祉。此外，大数据的使用在提高决策效率的同时，也可能侵犯个人隐私，这要求工程师在设计和实施数据驱动的解决方案时，必须严格遵守伦理规范。新工科背景下的工程伦理教育展现了从传统到现代的转变，课程内容的更新反映了对可持续发展、社会责任和技术伦理的深化理解。通过跨学科课程的设计和对新兴技术伦理挑战的引入，工程伦理教育不仅提升了学生的道德认识，更为他们在全球化和技术快速变革的环境中做出负责任的决策打下了坚实的基础。这种教育的演变和创新，标志着工程伦理教育正逐步适应新时代的要求，为培养未来的工程师奠定了伦理基础。

二、教学方法创新

在新工科建设的背景下，教学方法的创新成为了提高工程教育质量的关键因素。应用型本科高校在这一转变中扮演着至关重要的角色，通过引入在线教学、虚拟现实（VR）和增强现实（AR）技术，这些学校正重新定义工程伦理的教学方式，使其更具互动性和实践性。

1. 在线教学的扩展

在线教学作为教育技术的一部分，为工程伦理教育提供了前所未有的灵活性和可达性。通过网络平台，学生能够不受地理限制地访问课程内容，参与讨论和完成作业，这不仅提高了学习的便利性，也使得课程能够吸引来自不同背景和文化的学生群体。此外，网络教学环境支持实时互动和反馈，教师可以即时解答学生的疑问，提供个性化的指导，从而增强学习体验。例如，通过在线平台，教师可以组织国际案例研讨，让学生分析并讨论不同国家和文化背景下的工程伦理问题，如全球供应链中的劳工权益问题，或跨国工程项目中的环境保护挑战。这种跨文化的视角不仅丰富了学生的知识和理解，也培养了他们的全球视野和伦理思考能力。

2. 虚拟现实和增强现实的应用

虚拟现实（VR）和增强现实（AR）技术的应用，为工程伦理教育提供了全新的实践平台。这些技术通过创建模拟的工程环境，允许学生在控制和安全的条件下，直接面对并解决工程伦理问题。例如，利用 VR 技术模拟的建筑工地可以让学生体验到现场工作的复杂性，包括必须遵守的安全规程和环境保护标准。学生可以在这些虚拟环境中进行决策，如何处理突发的安全事故，如何确保施工过程中的环境保护措施得到有效执行。这种身临其境的体验不仅加深了学生对工程伦理原则的理解，而且提高了他们在真实世界中应用这些原则的能力。此外，AR 技术可以在实体教室内通过增强现实覆盖层来展示复杂数据和工程模型，增强学生对工程问题的可视化和理解。

3. 教学方法的综合效果

这些新兴技术的整合不仅提高了教学的互动性和趣味性，而且通过提供实践中的经验学习，极大地增强了教学的效果。学生通过互动式和模拟的学习环境得到更全面的教育体验，这使他们能够更好地理解和内化工程伦理的复杂问题。此外，这种技术驱动的教学方法也为教师提供了新的教学工具，使他们能够更有效地传授抽象的伦理概念和原则。

国外方面，应用型本科高校工程伦理教育的影响可以从学生、用人单位、教师和个人长远发展四个角度来探讨。

首先是学生角度，国外应用型本科高校的学生在新工科背景下，需要接受更为全面的工程伦理教育，以便在全球化的工作环境中展现良好的职业道德。学生不仅要学习伦理理论，还要通过实习、项目等方式，将伦理原则应用于实际工作中。其次是用人单位角度，用人单位期望毕业生不仅具备专业技能，还应有强烈的伦理意识和社会责任感。新工科建设促使高校加强与企业的合作，共同制定符合行业发展需求的伦理教育标准和课程。再次是对教师的影响，新工科建设要求教师采用更多元化的教学手段，如在线教育、混合式学习等，以提高教学效果。同时，教师自身也需要不断学习和适应新的教育理念和技术，以便更好地传授工程伦理知识。最后从个人长远发展角度，随着技术的快速发展，工程师面临越来越多的伦理挑战。良好的工程伦理教育有助于学生形成终身学习的习惯，不断更新自己的伦理认知，以适应未来职场的变化。

无论是在国内还是国外，新工科建设都对应用型本科高校的工程伦理教育提出了新的要求。高校需要不断调整和优化课程设置，创新教学方法，加强师资队伍建设，以培养出既能应对技术挑战又能恪守伦理底线的工程师。同时，高校还需要与企业紧密合作，确保工程伦理教育与产业发展同步，满足社会对高素质工程人才的需求。

总之,新工科的推动促使应用型本科高校在教学方法上进行大胆创新。通过在线教学的普及和 VR/AR 技术的应用,工程伦理教育正在成为一门更动态、更互动、更能反映现实世界复杂性的学科。这些技术的引入不仅提高了教育的质量和可达性,还为未来工程师的培养奠定了坚实的伦理基础。新工科建设不仅改变了应用型本科高校的工程技术教育格局,更深刻地影响了工程伦理教育的方向和方法。通过课程创新和教学方法的更新,工程伦理教育能够更好地培养学生面对复杂工程问题时的伦理决策能力,同时也为他们将来在全球化的工程实践中担当更大的社会和环境责任打下了坚实的基础。随着新工科的进一步发展,预计工程伦理教育将持续融入更多创新元素,以适应快速变化的工程教育需求。

本章小结

本章详细探讨了新工科建设背景下应用型高校工程伦理教育的理论基础,从教育的必要性、课程内容的革新,到教学方法的现代化转型,全面分析了在高等教育领域进行这一教育创新的重要性及其实施效果。

随着技术的迅速发展和社会需求的多样化,新工科建设应运而生,成为高等教育改革的重要方向。这种建设不仅推动了学科的跨界融合和教学方法的创新,而且也对工程伦理教育提出了新的要求。新工科倡导的是一种面向未来的教育模式,强调工程教育应与时俱进,适应经济社会的快速变化以及技术的持续进步。这种教育必要性的认识,为应用型本科高校工程伦理教育提供了坚实的理论基础和实践指导。

工程伦理教育在新工科建设背景下经历了显著的课程内容革新。传统的教育内容从主要侧重于基础道德原则和职业责任的教学,扩展到涵盖环境伦理、全球伦理及技术与社会互动等现代问题。这种课程内容的更新反映了全球工程实践中伦理问题的复杂性增加,同时也体现了教育者对于培养学生全面伦理视角的重视。通过跨学科的课程设计,学生能够从多角度理解和分析工程活动对环境和社会的影响,增强了他们的伦理决策能力和社会责任感。

教学方法的现代化是新工科建设中的又一显著特点。应用型本科高校广泛采用在线教学、虚拟现实(VR)和增强现实(AR)等先进技术,极大地提高了教学的互动性和实践性。这些现代教学手段不仅打破了传统教室的空间和时间限制，而且通过模拟真实的工程环境和挑战，提供了更加丰富和深刻的学习体验。学生能够在虚拟环境中直接面对工程伦理决策，这种"身临其境"的体验使他们能更好地理解和应用伦理原则，从而在未来的职业生涯中作出更为明智和负责任的决策。

在新工科建设的推动下，应用型本科高校对工程伦理教育的改革实施后，需要对教育效果进行系统的评估。通过学生的反馈、课程完成情况和实际应用案例分析，可以评估课程内容更新和教学方法现代化的成效。这种评估不仅有助于了解教育改革的实际影响，还为未来教育的持续优化提供了依据。有效的评估机制包括但不限于学生的学习成果分析、教学互动的质量评估以及毕业生在职业领域中的表现跟踪。通过这些多维度的评估方法，学校可以精确地掌握教学内容和方法是否真正适应了新工科的要求，同时也能够调整和改善课程结构和教学策略，以更好地满足工程教育的现代化需求。

在新工科建设背景下，应用型本科高校的工程伦理教育需要不断地调整和更新，以适应技术发展和社会变革的步伐。面向未来的教育策略包括加强国际合作、推广跨学科学习模式和深化实践教学环节。国际合作可以带来更广阔的视角和多元的教学资源，使学生能够在全球化的背景下理解和处理伦理问题。跨学科学习模式则强化了学生综合运用不同知识领域理论的能力，为解决复杂的工程问题提供了多角度的思考框架。实践教学的深化，特别是通过实验、实习和项目合作，使学生能够将理论知识应用于实际工程实践中，验证和修正他们的伦理决策模式。

综上所述，新工科建设对应用型本科高校工程伦理教育的影响深远，它不仅推动了教育内容的更新和教学方法的革新，还促进了全面评估机制的建立和未来教育策略的制定。这些改革和更新加强了工程伦理教育的针对性和实效性，为学生的全面发展奠定了坚实的基础，并为他们将来在全球化的工程实践中有效应对伦理挑战做好了准备。通过这样的教育模式，不仅能够培养出符合现代社会需求的工程专业人才，也能确保这些人才在其职业生涯中展现出高度的伦理标准和社会责任感。

第三章　基于布鲁姆方法的工程伦理教育目标体系构建

当今世界，工业科技创新呼吁工程教育的革新。潘云鹤院士认为"以'新工科'建设为起点，开启高等工程教育创新范式进入新时代"。新时代工程教育除了技能知识以外，工程伦理问题也日益突出，工程伦理教育创新也尤为关键。另一方面，我国相对于西方发达国家，工程伦理教育体系滞后，目标不明确，不能应对日益增加的工程伦理问题和满足我国工程伦理人才培养的要求，需探明适合我国"新工科"背景下的工程伦理教育目标体系，助力我国培养未来高质量的具备工程伦理素养的工程师。

"新工科"建设对应用型高校的建设提出了新要求，培养人才不仅注重知识传授、技能提升，更要关注价值塑造与引领。本章研究了"新工科"的特征及对工程伦理教育的挑战，并基于布鲁姆教育目标分类学理论研究了工程伦理教育目标体系，从"知道（知识）—领会（理解）—应用—分析—综合—评价"六个层次构建并梳理应用型高校的工程伦理教育目标体系，以期明确学生伦理教育学习目标结构，提高人才质量培养。

◆◇ 第一节　"新工科"的内涵特点及对工程伦理教育的新要求

一、"新工科"的内涵特点

新工科，即新的工程学科或新的工科学科。"新工科"是近年来在中国教育领域兴起的一个概念，它是指在工程技术领域培养具备创新能力、跨学科综合能力和国际竞争力的高层次工程技术人才。2017 年 2 月 18 日，在复旦大学召开的综合性高校工程教育发展战略研讨会上，新工科一词被正式提出。此概念一经提出，就引起了高教界的高度关注，新工科建设的理论研究和以新工科为背景的高等工程教育改革实践随之展开。区别于传统工科，"新工科"立足于新经济和新产业，面向多变的环境和不确定的未来，强调在学科上要继承创新、交叉融合、协调共享；在培养人才上，树人同时注重立德，培养适应未来发展的创新型、多元化高素质卓越工程人才。

具体而言，"新工科"与传统的工科教育相比，具有以下内涵特点。

1. 实践导向

新工科教育注重培养学生的实践能力。这包括通过实际项目、实验、实习等活动，让学生在真实的工程环境中学习和应用知识，培养他们解决实际问题的能力。实践导向的特点使得学生能够更好地理解理论知识，并将其应用到实际工程项目中，提高解决问题的能力。

2. 创新驱动

新工科鼓励学生具备创新思维和创新能力，培养他们面对挑战时能够提出新的解决方案和设计方法。"新工科"注重培养学生的创新能力不再是传统的灌输式教学，而是鼓励学生思考和实践，培养他们的创新意识和实践能力。学生在课程学习和科研项目中有更多的机会提出新观点、开展创新性研究，并将其应用到实际工程项目中。这不仅包括在工程设计和解决问题时的创造性思维，还包括在技术发展和应用中的创新意识。通过开展科研项目、参与竞赛等活动，学生能够锻炼自己的创新能力，为未来的工程实践和科技发展做出贡献。

3. 跨学科合作

新工科倡导跨学科合作，鼓励工程技术人才与其他领域的专家共同合作，解决复杂的问题，推动科技创新。现代工程往往涉及多个学科领域的知识和技术，因此学生需要具备跨学科合作的能力，能够与其他领域的专家和团队进行有效的沟通和合作，共同解决复杂的工程问题。将工程技术与其他学科，如管理学、人文社科、技术设计等相结合，培养具备多方面知识和技能的工程人才。通过跨学科的教学和研究，能够促进创新思维的培养，提升解决实际问题的能力。

4. 社会责任

新工科教育强调工程技术人才应具备的社会责任感和道德观念，注重培养学生的社会意识和环境保护意识，能够在工程实践中考虑到对社会、环境和人类生活的影响，提倡可持续发展理念。工程师的工作往往会对社会产生重大影响，因此他们需要在工程实践中考虑到对环境、社会和公共利益的影响，以及如何最大程度地减少负面影响。新工科教育致力于培养具有社会责任感的工程技术人才，使他们能够在实践中积极地促进社会的可持续发展。

5. 国际化视野

随着全球化进程的加速，新工科教育也更加注重培养学生的国际视野和国际竞争力。学校通常会与国际知名高校或企业合作，开展国际交流项目、双学位项目或联合培养项目，为学生提供国际化的学习和交流机会。

6. 个性化学习

为了满足不同学生的学习需求，新工教育通常也倡导个性化学习。学校可能会采用灵活的课程设置、项目选择和评估方式，以及提供个性化的辅导和指导，帮助学生发现和发展自己的特长和兴趣，实现全面发展。

通过有特点的综合培养，新工科教育旨在培养具有创新精神、实践能力和国际竞争力的高层次工程技术人才，以适应日益复杂和多变的社会和经济发展需求。

二、"新工科"建设背景下工程伦理教育的重要性

在"新工科"建设背景下，工程伦理教育的重要性凸显无疑。工程伦理教育是指培养学生在工程实践中遵守职业道德、尊重人权、保护环境、维护社会公正等方面的素养和能力。传统工科教育中，工程伦理教育的重要性已经被认识到，但在"新工科"教育中，其重要性更为突出。这是因为：

1. 社会期待增加

随着社会的发展和进步，人们对工程技术人才的期待也在不断提高。除了具备扎实的专业知识和技能外，人们也更加关注工程师在工作中是否能够遵守职业道德、尊重人权，以及对环境和社会的影响等方面。因此，工程伦理教育成为了新工科教育中不可或缺的一部分。

2. 复杂挑战增多

在新工科建设的背景下，工程领域面临着越来越复杂的挑战，包括人类社会可持续发展、科技创新与安全、资源利用与环境保护等方面的挑战。在应对这些挑战的过程中，工程技术人员不仅需要具备专业的技术能力，还需要具备

良好的伦理道德素养，才能够做出符合公共利益和社会期待的决策。

3. 维护行业形象

工程师作为一个群体，其形象和声誉对整个行业的发展和社会认可起着至关重要的用。如果工程师在工程实践中出现了严重的伦理问题或道德失范，不仅会损害自己的职业声誉，也会对整个行业的形象造成负面影响，进而影响到整个工程领域发展和社会对工程师的信任度。

随着科技的发展和社会的变化，工程技术不仅仅是技术本身，还需要考虑到其对社会、环境和人类的影响。未来的工程实践活动必然是越来越复杂，与社会和环境的关系也会日趋紧密，所以新工科要求新的工程技术更加具有交叉性、实用性、综合性和社会性，更注重人才创新和应变能力、道德的培养和长远全面发展。在创新和应变的过程中，不可避免地会遇到很多伦理道德方面的冲突和矛盾问题需要解决，如资源与环境的冲突、短期利益与长远发展的矛盾、科技发展中的伦理道德问题等。这不仅需要未来的工程师或其他工程实施者具有良好的职业伦理，也需要他们有足够的知识来认识和应对这些工程实践活动中的社会伦理道德问题。这包括但不限于：对安全、环境、社会公益等方面的考虑；对数据隐私、知识产权等问题的尊重和保护；以及对多样性、包容性和公平性的重视等。而工程伦理教育的目的是帮助学生探讨判断和处理这些工程建设过程中遇到的环境、社会冲突的伦理问题，要对工程建设的价值伦理做出正确的判断和选择，培养工科学生的社会责任感。这就意味着新工科建设过程中更要注重工程伦理教育。

综上所述，工程伦理教育在新工科建设中扮演着至关重要的角色，它不仅是培养工程技术人才的必备素养，也是推动工程技术发展与社会进步的重要保障。因此，为了适应"新工科"建设的要求，工程伦理教育应当得到进一步的加强和重视。高校应该在工程专业课程中加入相关的伦理教育内容，培养学生的职业道德意识和社会责任感；同时，工程实践项目也应该注重培养学生的伦理素养，引导他们在实践中遵循正确的伦理原则，做出符合公共利益的决策。只有这样，才能够培养出具备全面素养的工程技术人才，为社会的可持续发展和科技创新做出更大的贡献。因此，调整工程伦理教育目标体系，使其更加符合"新工科"建设的要求，将有助于培养出更加全面发展、具有社会责任感的工程人才。

三、世界各国工程伦理教育目标体系的发展历程

世界各国工程伦理教育的发展历程可以追溯到 19 世纪末 20 世纪初工程职业的兴起。随着工程领域的迅速发展和技术应用的普及，人们开始意识到工程师在其职业实践中所承担的社会责任和道德义务。下面是世界各国工程伦理教育目标体系的发展历程的简要概述。

19 世纪末 20 世纪初：工程伦理教育的最早萌芽可以追溯到 19 世纪末 20 世纪初，当时的工程职业主要集中在工程实践技能的培养，对于伦理道德方面的教育相对较少。然而，随着工程项目的规模和影响力不断扩大，人们开始认识到工程师的行为对社会和环境的影响，逐渐开始重视工程伦理教育的重要性。

20 世纪中叶至后半叶：在 20 世纪中叶至后半叶，工程伦理教育逐渐成为一些发达国家工程教育的重要组成部分。例如，美国的工程教育界开始着重强调工程伦理教育，包括在工程学院设置专门的伦理课程或将伦理教育融入到其他课程中。这一时期，工程伦理教育的目标主要是培养学生的职业操守、责任感和道德行为准则，以及使他们能够在实践中考虑到社会、环境和公众利益。

21 世纪初至今：随着全球化和科技进步的加速发展，工程领域面临着越来越复杂的伦理挑战。因此，21 世纪初至今，工程伦理教育的目标体系更加注重培养工程师在处理日益复杂的伦理问题时所需的决策能力、分析能力和批判性思维。许多国家的工程教育机构都在积极探索如何将工程伦理教育与技术、创新和社会责任等方面有机结合，培养出更加全面发展的工程技术人才。同时，世界各国开始建立专门的工程伦理课程或课程模块，以培养工程师的伦理素养和社会责任感。这些课程涵盖了诸如安全、环境、社会公益、数据隐私、知识产权等方面的内容，并强调工程师在实践中应该如何应对伦理挑战。

近年来（多元化和创新）：随着社会的发展和价值观的变化，工程伦理教育也在不断演进和创新。一些国家开始探索以案例分析、团队项目、实地实习等方式来教授工程伦理，以增强学生的实践能力和伦理思维。同时，一些新兴领域的出现，如人工智能、生物技术等，也带来了新的伦理挑战，促使工程伦理教育更加多样化和前瞻性。

总的来说，世界各国工程伦理教育的发展历程表明，工程伦理教育已经逐渐成为工程教育的重要组成部分，其目标体系也在不断地演变和完善，以适应

社会、技术和经济发展的需求。

◆◇ 第二节 基于布鲁姆教育目标分类学理论的工程伦理教育目标体系

目标是事物发展的方向，所以制定合理的目标是事情成功的重要一步，工程伦理教育目标体系的不完善必将阻碍我国工程教育在新工科建设背景下的发展。新时代需要研究制定和完善一套科学的工程伦理教育目标体系，并运用各种教育理论、方法和形式来完成工程伦理教育目标。

一、布鲁姆的教育目标分类理论

为研究教育的分类问题，布鲁姆于 1956 年提出了布鲁姆教育目标分类理论，将教育目标分为认知、情感和动作技能三大领域。布鲁姆教育目标分类理论自提出以来一直被推崇为分析和思考特定教育活动目标及整个教育活动计划的流行工具，将其应用于工程伦理教育领域。

布鲁姆将认知领域分为知识、领会、应用、分析、综合和评价六个层次。随着教育科学与研究的发展，2001 年 L. W. 安德森和 D. R. 克拉斯沃尔等人将布鲁姆教育目标分类修订成了"识记、理解、应用、分析、评价和创造"6 个用于反映学生完成学习任务所需的不同认知水平或知识深度的层次，目标框架图如图 3-1 所示。

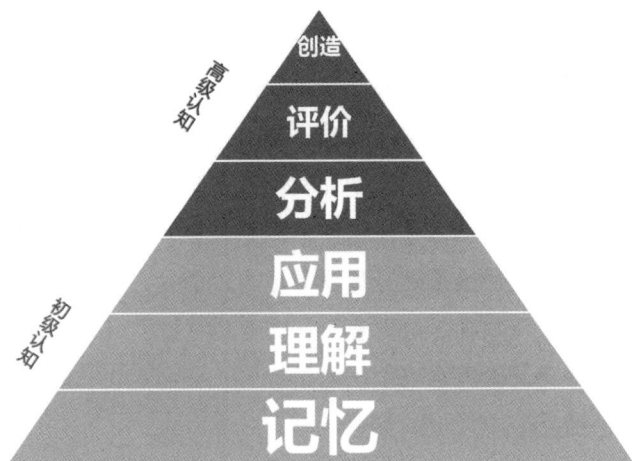

图 3-1 布鲁姆目标框架图

其中，"记忆、理解、应用"的认知是初级层次的，一般会有较直接的、明确的、无歧义的解答，而"分析、评价和创造"认知属于高级认知，是对初级认知的一种整合，通常正确答案不唯一，可以从多个角度来解答。情感领域按照层次高低依次被分为接受、反应、价值的评价、组织和由价值或价值复合体形成的性格化等五个层次。层次越低，情感越不稳定，比如接受持续时间最短，最容易改变，而最高层情感性格化最稳定，很难改变，表现为个体行为的一种稳定特征。情感领域的目标是价值体系的培养。动作技能领域教育目标被分为"反射动作、基本—基础动作、知觉能力、体能、技巧动作和有意沟通"六个层次。前两个层次的动作技能是与生俱来的，不需要高等教育研究。高等教育关注的是培养做出与研究、认知领域相关的行为的能力。

二、"新工科"建设背景下工程伦理教育目标体系

在"新工科"建设背景下，不同于其他学科的教育，工程伦理教育除了要掌握工程伦理的概念、规范、准则和相关伦理理论外，还需要注重知识、价值、能力的多方面培养和建设，通过理论分析、经典案例和工程实践教学培养学生研究、解决工程实践中的新伦理情况、新伦理问题的能力；同时，工程伦理教育还注重学生职业素质和道德情感培养，并且由道德情感指引伦理实践，即强调伦理意识、观念、职业责任感的和实践行为的"知行合一"，指向工程的可持续发展、人与自然的"和谐相处"。根据"新工科"建设对工程伦理教育的新要求和布鲁姆的教育目标分类理论，本书给出了工程伦理教育目标体系，如图3-2所示。

这里，工程伦理教育的总体目标是要实现工科大学生的全面发展，该目标也是高等教育培养人才的目标。根据布鲁姆的教育目标分类理论，又将以人为本全面发展的目标分为认知、情感和动作技能三大方面的目标，在认知学习中培养伦理情感和实践能力。在工程伦理教育中，工程伦理认知的提高是基本目标。其中认知是对知识的学习，包括伦理概念、规范、准则、理论、案例和实践，认知目标既要强调理论基础，又要重视实践活动。

情感方面分为伦理观念、伦理意识和职业责任感，其中，伦理观念包括合作观和可持续发展观，伦理意识包括质量意识、安全意识，职业责任感包括家国情怀和使命担当。

在伦理观念和工程实践中，工程参与人员的合作精神对工程活动质量有重

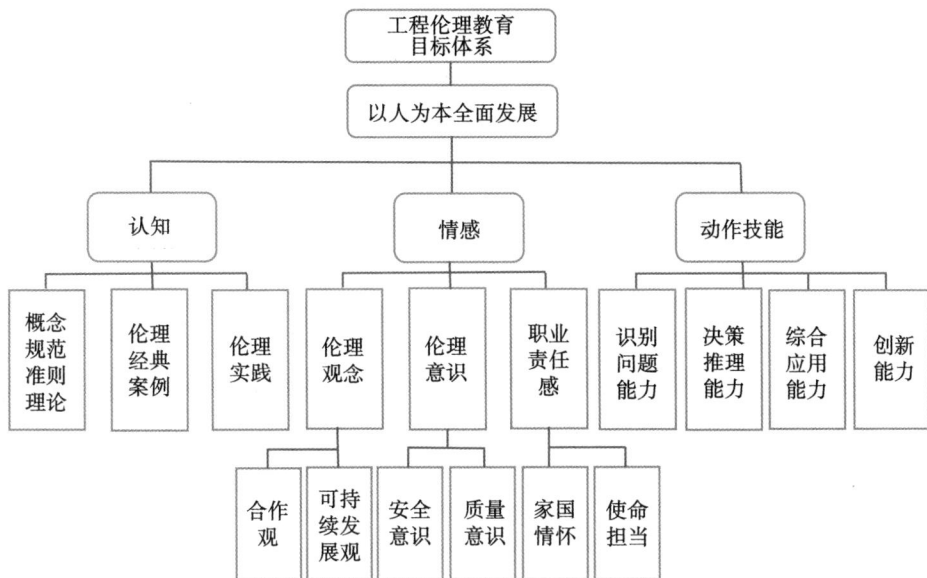

图 3-2 "新工科"建设背景下工程伦理教育目标体系

要影响。以人为本全面发展观中合作观念的培养是一个很重要的方面。尊重个性，注重个人需求的同时有合作精神，未来日益复杂多变的工程问题靠单个人才的力量很难解决，需要多人合作团队的力量来完成。所以工程伦理教育在情感目标培养伦理观念方面，首先要培养学生竞争中的合作观念。其次是可持续发展观。之前，我们常看到牺牲自然环境追求经济利益的工程活动，但随着环境的恶化，人类被自然报复反过来影响人类的生活，现在人们对生态环保越来越重视，在工程活动设计实施时更需要考虑到人与社会、自然环境的可持续发展。工程伦理教育应该注重工程伦理可持续发展意识教育，从而让国家未来的工程师在面对环境、利益冲突与伦理困境时，能从人类社会的可持续发展，促进人与自然的协同进化角度确定优先次序做出正确取舍，开创共赢共享的可持续发展模式。

在伦理意识方面，对于工科学生来说，安全意识和质量意识是要着重培养的，是推动工科学生适应未来专业发展与社会发展的重要学科精神素养。当前，世界主要的工程教育和工程社团大都认为工程师的首要义务是保护人类的安全、健康、福祉。工程实践中发生质量问题和安全问题的原因很多，但工程参与人员的安全意识和质量意识缺失是很关键的因素。在高校伦理教育中将这两个意识作为重要目标去培养，有利于在学生心中种下良好的安全意识和质量意识，可以使工科学生在未来从事工程实践中注重工程质量、具有工程安全的自觉性，有效保障工程质量和各项技术活动的安全，从而实现工程活动整体的安全性。

在高校伦理教育情感目标中，提高工科学生的职业责任感也是很重要的方面。职业责任感教育就是要教育学生能在未来的工作中有承担工程活动中的伦理责任的自觉性，能有识别预测所从事的工程活动现在和未来可能导致的伦理后果的主动性，并为降低工程活动给社会和环境带来的负面影响不懈努力。新工科是为助力我国重大国家发展战略和实现中华民族伟大复兴的背景下提出的，工程伦理教育培养的职业责任感中，培养学生的家国情怀和使命担当对于提升学生的职业责任感非常重要。工程人才肩负着统一个人全面发展与国家战略发展，融合个人理想与产业结构变革的潮流，熟练应用新技术，突破技术瓶颈，为国家发展战略的实施贡献自己的力量的历史使命。工科学生是国家战略的实施者和建设者，他们承担着民族复兴的伟大历史使命，在工程伦理教育中，应该给学生传递家国情怀，强调工科学生是中国实现民族复兴的主要力量，是使命担当。

根据布鲁姆的教育目标分类理论，动作技能教育目标是学生通过认知学习，能够对伦理问题做出相应的反应及动作，适应外部环境。根据前面的分析，动作技能方面分为识别问题能力、决策推理能力、综合应用能力和创新能力。其中识别问题能力是发现问题的能力，决策推理能力和综合应用能力是解决问题的两种能力。创新能力是学生通过伦理教育学习，养成分析思维，包括批判性思维、推理逻辑思维和系统思想，这三种能力结合容易激发对科研的兴趣和养成对未知问题的求知探索习惯。所以在伦理动作技能目标中，前三种能力综合作用，能激发更高级的创新能力。一个工程师如果缺乏求知探索的精神，就不能适应新工科未来复杂多变的环境、解开未知谜团，很难成为卓越的工程师。这种对科研的热情和求知探索的精神正是高校工程伦理教育应该重点塑造培养的，使得学生在未来的工程实践职业活动中，始终有一种用于创新的能力。

◆◇ 第三节　布鲁姆目标框架在工程伦理教育中的应用

布鲁姆目标框架（Bloom's Taxonomy）是教育学中广泛使用的工具，能够帮助设计教育目标。工程伦理教育可以基于布鲁姆目标框架的六个认知层次，构建一个系统的目标体系图。以下是每个层次的目标和具体要求。

一、记忆（Remembering）

目标：学生能够记住和识别工程伦理的基本概念、理论和标准。

具体要求：

（1）了解工程伦理的基本定义和术语。

（2）识别主要的伦理理论，如效益主义、义务论和美德伦理。

（3）熟悉工程师的职业道德守则和标准（如 IEEE、NSPE 等）。

二、理解（Understanding）

目标：学生能够解释和描述工程伦理的概念和原则，并能在不同情境下应用这些原则。

具体要求：

（1）能够解释常见的伦理理论及其在工程实践中的应用。

（2）描述伦理问题在工程实践中的具体表现。

（3）理解并解释工程决策过程中涉及的伦理考量。

三、应用（Applying）

目标：学生能够将工程伦理原则应用于具体的工程情境中，做出符合伦理的决策。

具体要求：

（1）在案例分析中运用伦理理论，提出解决方案。

（2）能够识别工程项目中的潜在伦理问题，并提出相应的应对策略。

（3）运用职业道德守则，指导工程实践中的行为和决策。

四、分析（Analyzing）

目标：学生能够分析复杂的工程伦理问题，识别其关键组成部分，并评估不同解决方案的伦理影响。

具体要求：

（1）拆解复杂的伦理问题，识别各方利益和冲突点。

（2）比较不同伦理理论对同一问题的不同解释。

（3）评估工程决策对社会、环境和利益相关者的影响。

五、评价（Evaluating）

目标：学生能够评价工程决策的伦理合理性，权衡利弊，提出改进建议。

具体要求：

（1）根据伦理理论和职业道德标准，评估工程决策的合理性。

（2）权衡不同解决方案的伦理后果，做出理性判断。

（3）提出改进现有工程实践和决策过程的建议，以提高伦理标准。

六、创造（Creating）

目标：学生能够设计和实施具备高伦理标准的工程方案，并推动工程伦理的创新发展。

具体要求：

（1）设计符合伦理要求的工程项目和流程。

（2）开发新的工具和方法，促进工程伦理的研究和应用。

（3）推动伦理教育和职业道德建设，提升工程界整体伦理水平。

◆◇ 第四节　工程伦理教育目标体系实施策略

实施工程伦理教育目标体系需要采取综合策略，常见的实施策略往往涉及课程设计、教学方法、评估方式、专业发展等方面。

一、课程设计

（1）核心课程：将工程伦理课程纳入工程教育的核心课程体系，确保所有学生都接受基本的工程伦理教育。

（2）课程内容：设计涵盖安全、环境、社会责任、知识产权、数据隐私等方面的内容，通过案例分析和讨论引导学生思考和解决伦理问题。

（3）跨学科合作：促进工程伦理与其他学科（如哲学、社会科学）的跨学科合作，丰富课程内容，加深学生的伦理理解。

二、教学方法

（1）案例研究：通过真实案例研究，让学生直观地了解工程实践中可能遇到的伦理问题，培养分析和解决问题的能力。

（2）团队项目：组织团队项目，让学生在合作中思考伦理问题，锻炼团队合作和沟通能力。

（3）实地实习：安排学生进行实地实习或参与真实工程项目，让其在实践中面对伦理挑战，加深对工程伦理的认识和理解。

三、评估方式

（1）综合评估：采用多种评估方式，包括论文、演讲、团队项目报告等，全面评估学生在工程伦理方面的学习成果。

（2）反馈机制：建立有效的反馈机制，及时了解学生在工程伦理教育中的学习和成长，为课程改进提供依据。

四、专业发展

（1）教师培训：为教师提供专业的工程伦理教育培训，提升其教学水平和伦理理解能力。

（2）学生指导：设立专门的学生指导和支持机构，帮助学生解决伦理问题和困惑，促进其全面发展。

通过综合运用以上策略，可以有效推动工程伦理教育目标体系的实施，培养具有伦理素养和社会责任感的工程人才。

本章小结

工程伦理教育对提高未来工程师的科学与工程建设的核心能力非常重要，然而目前高校的工程伦理教育目标体系不能适应"新工科"的建设要求。本书研究了"新工科"建设背景下工程伦理教育目标体系问题。分析了"新工科"的内涵特点及其建设下工程伦理教育的重要性，梳理了我国现有的工程伦理教育目标体系情况，分析了"新工科"建设对工程伦理教育的四项新要求；根据布鲁姆的教育目标分类理论，提出了适应"新工科"建设背景的高校工程伦理教育目标体系，引导工科学生在伦理教育中形成良好的安全意识和质量意识，形成合作观和可持续发展观，提高识别和解决伦理问题的能力，以及在跨学科教育和理论与实践结合学习中培养创新思维方式，逐渐成长为未来祖国需要的德才兼备的卓越工程师。

第四章　STS 教育理论概述

　　STS（科学、技术与社会）教育自 20 世纪 60 至 70 年代在西方发达国家兴起，旨在应对科技快速发展对社会的影响和挑战。这种教育思想强调科学教育不仅是知识的传递，更是培养公民对科学技术的深刻理解和负责任的态度。STS 教育涵盖了科学（Science）、技术（Technology）、社会（Society）的研究领域。STS 是近年来世界各国科学教育改革运动中形成的一股思潮。它主张在科学教育中强调科学、技术与社会的关系，以及科学、技术在社会生产、生活中的应用。其中工程伦理教育在内容体系方面有待完善。目前，在工程伦理教育领域中存在相关理论研究缺乏、工程伦理教育理念尚不明确且模糊、工程伦理教育忽视了实用性要求等主要问题。针对以上问题，本章提出了一些建议，旨在完善工程伦理教育内容体系、全面探索工程伦理教育的教学方法，并积极加强工程伦理教育师资队伍的建设。

◆ 第一节　STS 教育理论概述

一、STS 教育定义概述

　　关于 STS 教育的明确定义和统一界定尚不明确。在 STS 教育中，强调了科学的思维方式，注重以人为本，重视师生之间的交流和沟通，以及将学到的知识应用于实际。这种教育模式的目的在于培养学生的科学素养和科学思维，使他们具备运用科学知识解决现实问题的能力，并更好地适应日益科技发展的社会环境。从 STS 教育（全称为科学、技术和社会教育）入手，旨在研究科学、技术和社会之间的相互关系，并致力于打破它们相互分离的现状，以促进科学技术更好地为社会服务。这一教育模式最早于 20 世纪 60 年代从欧洲引入美国，在第二次世界大战后科技角色的显著增强下得以普及。科技的迅猛发展，如核能的应用和生物技术的进步，引起了广泛的社会伦理和环境问题。这些问题凸显了传统科技教育的局限性，即过分重视技术本身而忽视了科技的社会影响。从 20 世纪 70 年代开始，科技与社会研究（Science and Technology Studies，简称 STS）作为学术领域获得了显著发展。大学和学术机构开始建立 STS 专业和课程，以应对科技发展带来的复杂社会问题。这一时期，STS 教育不仅关注科技如何影响社会，还探讨了社会如何塑造科技发展。研究领域包括科技政策、公众对科学的理解、环境历史等。从 20 世纪 80 年代开始，STS 教育开始在全球范围内得到认可，并纳入许多高等教育机构的课程和专业。1980 年成立的美国科技与社会协会（Society for Social Studies of Science，简称 4S）是这一趋势的标志之一。该组织为 STS 学者提供了交流和合作的平台。进入 21 世纪，随着全球化和技术的进一步发展，如数字化、生物技术创新和可持续技术的推广，STS 教育面临新的挑战和机遇。学术界和教育机构持续调整和拓展 STS 教育的边界，并更加注重全球视角和多元文化的考量，以应对全球性问题，如气候变化、数据隐私和技术伦理等。

通过与图 4-1 相结合，可以看到，STS 教育呈现出一种明显的迭代过程。从技术效率的追求到社会责任和伦理的重视，该变化反映了人们对科技进步积极影响和负面影响的认识逐渐加深。未来，STS 教育将继续发展，以更全面地探索科技与社会之间的相互关系，并强调学生批判性思维和跨学科解决问题能力的培养。可以看到一个从单纯追求技术效率到强调社会责任和伦理考量的转变。未来的 STS 教育将继续探索科技与社会的动态关系，培养学生的批判性思维和跨学科解决问题的能力，以更好地应对现代世界中科技与社会之间日益复杂的互动。

图 4-1　STS 教育的发展历程

然而，STS 教育与传统教育存在显著差异。首先，STS 教育强调学生主体性，将学生置于课堂教学和活动的核心角色，而教师的角色则是引导者，协助学生发现、分析和解决问题。此外，通过采用多种教学方式，促进学生的主动学习和积极参与，有效提升学生的综合能力，以更好地适应社会发展需求并为社会做出贡献。其次，STS 教育强调课堂活动的开放性。教师注重整合各种知识，培养学生独立解决问题的能力，并帮助学生通过多种途径来获取知识，摆脱对课本知识的局限。最后，STS 教育强调与社会生活的联系。STS 教育极其重视学以致用。教师注重讲授实用性知识，关注知识与社会问题之间的联系，不再局限于理论知识的传授，而是更加关注如何将理论知识应用于解决实际问题。

二、STS 教育的特征

STS（科学、技术与社会）教育集中于培养学生全面理解科学和技术在社会中的作用，并强调科技决策的社会、伦理及环境影响。以下是 STS 教育的一些基本特征，它们共同定义了这一教育理论的独特性和实用性。

1. 面向现代化的科学与技术教育

STS 教育强调科学和技术不仅是累积知识和技能的领域，而且是动态发展的，与社会进步紧密相连的领域。教育过程中不仅传授科学技术知识，而且让学生理解这些知识和技术如何影响社会结构、环境和全球政治经济。通过这种方式，STS 教育帮助学生认识到科技作为"第一生产力"的社会价值，以及科技发展的综合化和整体化特征。麻省理工学院（MIT）在其教学和研究中高度重视科学、技术与社会（STS）教育。MIT 的 STS 项目通过跨学科方法，探讨科技如何影响社会及其政策。课程不仅包括科学技术的理论知识，还涉及其在社会结构、环境以及全球政治经济中的实际应用。通过案例研究和项目实践，学生能够深入理解科技作为"第一生产力"的社会价值。例如，MIT 的"科技政策"课程分析了技术创新如何驱动经济增长和社会变革。

2. 开放性和非线性

由于 STS 课程的开放性，它的课程体系也体现了这一特点。STS 课程结构始终保持开放状态，需要持续添加新的信息和主题。这些信息来自不同的渠道和领域，具有不同的性质，进而决定了 STS 教育的整个课程体系处于不断变化和发展的动态过程中，呈现出开放性状态。

传统的科学课程通常按照学科的逻辑结构构建，呈现出一种线性的组织形式。相比之下，大多数科学、技术与社会（STS）课程并不按照学科的逻辑结构来安排课程内容。这些课程的主要构成单元或元素之间并没有明显的因果关系，而是通过一种有机的限制来呈现整个课程目标的整体效果。英国的"科学在社会中"课程是一门典型的 STS 课程，体现了开放性和非线性特点。该课程不按照传统学科逻辑结构来组织，而是通过多个相互关联但独立的主题单元构建，涵盖诸如环境问题、生物技术和信息技术等多方面的内容。学生可以根据兴趣和社会热点选择学习不同的单元，课程内容不断更新，以反映最新的科学技术发展和其社会影响。

3. 学生参与性与合作精神的培养

STS 教育强调学生的主动参与。无论是学习内容的选择，还是学习方式的设计，都鼓励学生积极参与，通过实际操作、团队合作和项目实施来深化知识和技能。这种教育方式不仅增强了学生的参与意识，还有助于培养他们的合作精神和社会交往能力。芬兰的教育体系以其高度的学生参与性和合作精神培养著称。芬兰的学校通过项目式学习和团队合作任务，鼓励学生在实际操作中掌握知识和技能。赫尔辛基大学就有一门专门的 STS 课程，学生在课程中进行跨学科的项目研究，合作解决现实中的科技问题，培养了他们的团队协作能力和社会交往技能。

4. 科学与技术的平衡重视

与传统教育相比，STS 教育在科学与技术的关系上给予技术更多的重视。它探讨技术如何在社会中实际应用，并影响日常生活，同时分析科技创新如何受到社会需求和文化价值的影响和制约。斯坦福大学的设计学院开设了以设计思维为核心的课程，强调科学与技术的平衡重视。课程中，学生通过设计实践，探索科技在社会实际应用中的问题，开发解决方案。这些课程不仅关注技术本身，还考虑社会需求和文化价值对技术创新的影响。例如，学生们可能会设计出一种新型的环保产品，并分析其在不同社会背景下的可行性和效果。

5. 道德和价值观教育

STS 教育强调培养学生的道德和价值判断能力，使他们能够形成正确的科技与社会相关的价值观。教育过程中，特别强调个人与科技、社会的和谐发展，以及对社会责任的认识和承担。哈佛大学开设的"科技、伦理与社会"课程，旨在培养学生的道德和价值判断能力。课程内容涵盖科技发展的伦理问题、人类基因编辑的道德争议、AI 和自动化的社会影响等。通过讨论和案例分析，学生们学会在科技与社会的交叉点上进行伦理思考和决策，提升他们对社会责任的认识和承担能力。

6. 全面素质教育的推广

STS 教育倡导"科学为大众"（Science for all），强调普及科学知识，使每个人都能够理解并参与到科技社会的发展中。这种教育方式试图摒弃传统的精英教育模式，强调培养每个学生的潜能和多元能力。新加坡国立大学（NUS）推行"科学为大众"的教育理念，强调科学知识的普及。NUS 的 STS 课程面向所有学科背景的学生，课程内容涵盖从基础科学到前沿技术的广泛领域，旨在培养学生的综合素质和多元能力。通过这些课程，学生不仅可以掌握科学知识，还学会如何将其应用到实际生活和社会发展中。

7. 未来导向的教育模式

STS 教育以科学、技术、社会三者的相互关系为出发点，强调未来教育的重要性。教育旨在加强学生应对快速变化的世界的能力，提高他们的适应性、决策能力和创新思维。这样的教育不仅为当下服务，更为学生未来的生活和职业发展做好准备。瑞士的苏黎世联邦理工学院（ETH Zurich）以其未来导向的教育模式闻名。ETH Zurich 的 STS 课程强调通过科学、技术与社会的相互关系，培养学生应对未来挑战的能力。课程包括可持续发展、未来城市设计、气候变化应对等前瞻性主题，旨在提高学生的适应性、决策能力和创新思维，为他们的未来生活和职业发展做好准备。

这些特征共同构成了 STS 教育的核心，使其成为面向未来、注重实际应用并深具社会责任感的教育理论。通过这样的教育，学生能够更全面地理解科技在现代世界中的复杂作用，以及自己在其中的角色和责任。

三、STS 教育的理论基础

STS（科学、技术与社会）教育的理论基础是多方面的，涉及跨学科的内容，包括科学哲学、社会学、伦理学和教育理论。这一教育模式反映了对科学和技术在社会中角色的深入理解，以及对教育应对科技挑战的系统思考。以下是几种关键理论，它们共同构成了 STS 教育的理论基础。

1. 社会构建论

社会构建论（Social Constructionism）认为科技成果并非单一线性发展的必然结果，而是在特定的社会和文化背景中，由不同社会群体共同构建的产物。在 STS 教育中，这一理论帮助学生理解技术并非孤立存在，而是与社会结构、文化价值和政治力量密切相关。

2. 互动模型

布鲁诺·拉图尔等学者提出的行动者网络理论（Actor-Network Theory, ANT）强调人类行动者与非人类行动者（如技术、物体）之间的网络关系。在 STS 教育中，ANT 提供了一种分析和理解科技如何在广泛的社会网络中发挥作用的框架。

3. 技术决定论与技术中立论的批判

技术决定论认为技术的发展是社会变革的主要驱动力。相对的，技术中立论认为技术本身是中性的，其好坏取决于使用方式。STS 教育批判这两种观点，认为需要更加深入地探讨科技与社会之间复杂的双向互动。

4. 科技伦理

科技伦理（Ethics in Science and Technology）探讨科技发展中的道德问题，如隐私、公正和责任等。STS 教育中，科技伦理的探讨帮助学生发展批判性思维，评估科技实践对个人和社会的影响，理解科学研究和技术开发中的伦理责任。

5. 公众理解科学

公众理解科学（Public Understanding of Science）研究如何有效地向公众传达科学知识，促进公众参与科学技术决策过程。在 STS 教育中，这一领域强调科学知识的民主化，推广科学素养，让更多的人能够参与到科技相关的社会议题讨论中。

6. 科学、技术与政策

科学、技术与政策（Science，Technology，and Policy）研究如何通过法律和政策手段影响科技的发展方向和应用。STS 教育鼓励学生理解政策如何塑造科技研发，以及科技如何影响政策制定，培养他们未来在科技政策领域的参与与决策能力。

◆◇ 第二节　STS 教育理论的内涵

STS 教育是一种跨学科教育理念，要求将科学、技术和社会三者有机地结合起来。它认为科学不仅仅是一种学科知识，而且是社会中的一种力量，具有重要的影响力和驱动力。科学和技术的发展不仅仅影响着人类的生产和生活方式，还对社会的价值观、伦理道德和政治决策产生深远的影响。因此，在科学教育中强调科学、技术和社会的关系，使学生能够全面理解科学和技术对社会的影响，具有重要的意义。STS 教育的核心目标是培养学生的科学素养和全球视野。科学素养包括科学知识的掌握、科学方法的运用、科学思维的培养以及科学价值观的形成。全球视野则要求学生能够超越国界和文化，理解不同国家和地区的科技发展现状，以及科技对全球可持续发展的挑战和机遇。STS 教育的实施需要重视课程的整合与创新。传统科学教育往往将科学知识划分为独立的学科，缺少对科学与社会之间的紧密联系的探索。而 STS 教育则鼓励跨学科的教学和学习活动，在科学课程中融入社会与技术的因素。此外，STS 教育还需要注重培养学生的科学态度和实践能力，通过实际科学实验和社会调查等活动，培养学生的观察、分析、解决问题和合作创新的能力。

一、STS 教育的核心原则

STS（科学、技术与社会）教育是一个综合性的教育范式，旨在通过跨学科的方式探索科学和技术在社会中的角色与影响。这种教育方法强调以下几个核心原则。

1. 跨学科整合

STS 教育强调科学、技术、社会学、历史、哲学、环境科学和政策研究等多个学科之间的整合。通过这种跨学科的方法，学生可以从多维度理解科技问题，并评估这些问题的社会、环境和伦理影响。

2. 社会责任与伦理意识

培养学生对科技行为的社会责任感是 STS 教育的核心目标之一。这包括对科技创新可能带来的伦理问题的认识，例如在生物技术、人工智能和环境工程等领域中，科技如何影响人类和自然世界。教育过程中需要强调科技决策应考虑到公平、正义和可持续性。

3. 批判性思维

STS 教育鼓励学生发展批判性思维能力，不仅仅接受科技为现代社会带来的好处，也要能识别和分析其中可能的问题和风险。学生应学会怀疑和质疑，通过科学的方法论来探索问题的各个方面。

4. 问题导向学习

STS 教育常以现实世界中的问题为中心，如气候变化、遗传工程的道德困境、网络安全与隐私问题等。通过这种问题导向的方法，学生能够在解决实际问题的过程中学习和应用科学技术知识，同时理解这些问题的社会复杂性。

5. 持续的社会参与

教育不仅仅停留在理论和学术的层面，而是强调将学到的知识应用于实际生活，推动社会的积极变革。STS教育鼓励学生参与到社会、政策制定和科技创新的过程中，促进科技与社会的健康发展。

6. 反思与自我反思

STS教育鼓励学生和教育者持续反思教育过程本身及其在社会中的作用。这包括对教育内容、方法和目标的定期审视，确保它们能够适应不断变化的科技和社会需求。

通过这些原则，STS教育旨在培养能够理解和评估科技在全球化世界中复杂作用的学生，使他们能够在未来的职业生涯中做出负责任的决策，并成为有识之士。

二、STS 教育的宗旨

STS（科学、技术与社会）教育的宗旨在于培养学生对科学技术在现代社会中作用的全面理解，并使他们能够以负责任的方式参与到科技的发展和应用中去。这一教育理念的主要目标和宗旨包括如下内容。

1. 培养跨学科的思维方式

STS教育强调科学、技术和社会之间的相互联系，鼓励学生采用跨学科的视角来考察问题。通过整合社会学、伦理学、历史和科学技术知识，学生能够更全面地理解复杂的社会现象和科技问题。

2. 增强科技的社会责任感

通过探讨科技对社会、环境和文化的影响，STS教育旨在培养学生的社会责任感。学生学会评估科技发展的长远影响，从而在科技设计和实施过程中采取更为审慎的态度。

3. 促进科学与社会的对话

STS教育强调科学不是孤立于社会之外的，科学家需要与政策制定者、公众和其他利益相关者进行有效沟通。培养学生的沟通技巧和公众参与能力，使他们能够在科技决策过程中发声，提升公众对科学技术议题的理解和参与。

4. 发展批判性思维和伦理判断能力

STS教育强调批判性思维的重要性，教育学生不仅要学会如何使用科技，更要思考为什么以及应该如何使用科技。通过分析科技发展的伦理问题，如隐私权、数据安全和技术公平性等，学生能够在科技创新中做出明智的道德选择。

5. 推动科学普及和民主化

STS 教育倡导"科学为所有人"（Science for all），目的是打破科学与大众之间的壁垒，使每个公民都有能力理解和评估科技信息，参与与科技相关的社会、政治决策。通过提高公众的科学素养，加强社会对科学技术发展的监督和指导。

6. 准备应对未来挑战

在快速变化的世界中，STS 教育致力于培养学生的适应能力，使他们能够面对未来科技可能带来的新挑战。这包括对新兴科技如人工智能、基因编辑和持续环境变化的理解和响应。

通过实现这些宗旨，STS 教育不仅能够加深学生对科学技术如何影响世界的认识，也能够使他们积极影响科技的未来方向，为创建一个更加公正、可持续的世界贡献力量。

三、STS 教育的实践方法

STS（科学、技术与社会）教育的实践方法是多样化的，通过设计来促进学生在多维度上的学习体验，同时增强他们解决复杂科技问题的能力。以下是一些具体的实践方法，用于丰富和完善 STS 教育的教学策略。

1. 课堂讨论

课堂讨论是 STS 教育中最常用的教学方法之一。通过这种互动式的学习方式，学生可以探讨和分析科技与社会之间的复杂关系。讨论可以围绕特定的科技事件、科技政策的社会影响、科技伦理问题等展开。这种方法鼓励学生表达自己的观点，同时理解不同观点之间的差异和联系。麻省理工学院（MIT）在其 STS 课程中经常通过讨论的方式探讨科技对社会的影响，学生们会讨论如人工智能发展对就业市场的影响或是基因编辑技术的伦理问题。

2. 案例研究

通过具体案例的分析，学生可以深入了解科技如何在特定的社会、文化和环境背景下操作及其后果。案例研究可以包括历史性的科技发展事件，如切尔诺贝利核灾难、福岛核事故，或者是关于数据隐私、人工智能伦理等当代问题。案例研究能够帮助学生通过实际例子学习复杂的决策过程及其社会影响。斯坦福大学的 STS 课程中，学生们通过分析 Facebook 的 Cambridge Analytica 事件，深入探讨数据隐私和伦理的问题。

3. 角色扮演

角色扮演活动允许学生从不同利益相关者的角度出发，理解和分析科技问题。例如，在讨论气候变化政策时，学生可以扮演政策制定者、企业代表、环保活动家或科学家的角色。通过这种模拟，学生能够更好地理解不同群体如何看待相同的科技挑战，以及如何进行有效的沟通和协商。哈佛大学的 STS 课程常常使用这种方法，学生们在模拟联合国气候变化大会上，扮演不同国家的代表，从而学习国际科技政策的制定过程。

4. 项目式学习

项目式学习鼓励学生主动探索并解决实际问题，通常需要跨学科的知识和技能。学生在项目中合作，设计和实现解决方案，处理从技术评估到社会影响的各种问题。例如，一个关于可持续城市发展的项目可能需要学生研究和提出减少城市碳足迹的策略，同时考虑经济和社会因素。加州大学伯克利分校的 STS 项目中，学生们曾经合作开发了一个关于智能城市交通系统的项目，提出了利用大数据和人工智能优化公共交通的方案。

5. 实地考察和社区参与

将学生带到与科技问题直接相关的社区或地点，使他们能够亲身体验科技问题的现场情况。这种方法强调学习与行动的结合，如参与环境清洁活动，或与科技创新相关的企业进行对话。通过这种亲身参与和观察，学生可以更全面地理解理论知识在实际中的应用。乔治亚理工学院的 STS 项目曾组织学生前往当地的回收中心，了解废物管理技术和政策，并与社区居民讨论如何提高回收率。

通过这些多样化的教育实践，STS 教育不仅帮助学生建立起批判性思维，提升了跨学科解决问题能力，也促进了他们对科技在现代社会中作用的深入理解。这些实践活动使学生能够将学术知识应用于现实世界，为未来的职业生涯和社会参与打下坚实的基础。

◆◇ 第三节　新工科建设背景下应用型高校的工程伦理
教育内容系统现状

在当前世界，工业科技创新对工程教育的改革提出了迫切需求。潘云鹤院士认为，"新工科"建设是高等工程教育创新的起点，标志着进入新时代。然而，在新时代的工程教育中，不仅技能知识至关重要，工程伦理问题日益凸显，工程伦理教育创新也变得尤为关键。与此同时，相比于西方发达国家，我国工程伦理教育体系相对落后，目标不明确，无法应对日益增长的工程伦理问题以及满足我国培养工程伦理人才的需求。因此，有必要探索适应我国"新工科"背景下的工程伦理教育目标体系，以帮助我国培养具备高品质工程伦理素养的未来工程师。以上所述，旨在呼吁对工程教育进行革新，特别是工程伦理教育的创新。这对于适应当前工业科技创新的发展需求至关重要，并为提升我国工程伦理人才培养质量提供有力支撑。

一、新工科建设背景

新工科是应对新一轮科技革命和产业变革的产物，强调工程教育的实践性、创新性和交叉性。新工科建设背景下，工程教育需要与产业需求更紧密结合，培养具备创新能力和社会责任感的工程师。

1. 全球技术变革的背景

新工科建设的背景是全球性的技术革命和产业变革。自 21 世纪初以来，信息技术、人工智能、生物技术、新能源、新材料等高新技术迅猛发展，引领了第四次工业革命。这些技术的融合与创新不仅推动了传统产业的转型升级，也催生了全新的产业形态，如智能制造、数字经济和绿色能源等。这些变化对工程技术人才的知识结构和技能要求提出了新的挑战。

2. 教育与产业脱节问题

随着产业的快速变化，传统工程教育体系显示出与产业需求脱节的问题。这种脱节主要表现在教育内容更新滞后，缺乏跨学科的综合培养模式，以及实践教学与产业实际需求之间的差距。这种现状限制了毕业生的就业竞争力和创新能力，迫切需要通过教育改革来解决。

3. 国家战略需求

多个国家将科技创新定位为国家发展的核心战略，纷纷推动高等教育改革，特别是工程教育的创新，以培养符合未来产业发展的高技能人才。例如，中国提出"新工科"概念，致力于改革和优化工程教育结构，培养创新型、复合型、应用型人才。

4. 社会责任与可持续发展

随着全球对环境问题和社会责任的日益关注，工程师在设计和实施项目时需要考虑到环境保护、资源利用和社会伦理等因素。因此，新工科教育不仅要传授技术知识，还要培养学生的全球视野、社会责任感和可持续发展意识。

5. 国际化与全球竞争

全球化的趋势要求工程教育体系具有国际视野和国际竞争力。这意味着工程教育不仅需要关注国内产业的需求，还要引入国际教育资源，培养具有全球竞争力的工程技术人才。同时，也需要加强国际合作与交流，提升教育质量和影响力。

6. 教育技术的创新

教育技术的快速发展，如在线教育、虚拟实验室和增强现实（AR）/虚拟现实（VR）技术的应用，为工程教育提供了新的教学工具和方法。这些技术能够提高教学效率，扩大教育资源的覆盖范围，同时也促进了教育模式的创新。

新工科建设是对传统工程教育模式的一次根本革新，它基于全球科技前沿的发展和变革，响应产业需求的迅速变化，同时兼顾社会责任和可持续发展的需要。这一教育改革的推进，不仅要求高等教育机构更新教学内容和方法，还需要在全球化的背景下重新思考人才培养的目标与途径。

二、新工科建设背景下应用型高校开展工程伦理教育的必要性

经过多年的发展，中国从工程大国逐渐转变为工程强国。然而，工程安全事故仍然频繁发生，这已经不再是资金或技术问题，而是工程伦理教育的问题了。工程、社会和自然是相互联系、密不可分的，如果不重视其中蕴含的伦理和道德问题，只追求经济利益，就会面临负面后果。随着时代的发展和变化，新工科要求工程师将整个人类社会的安全和健康放在首要位置。传统的工程教育通常注重工程化和技术化的培养，却忽视了工程伦理教育的重要性，缺乏对

工程教育的社会性方面的关注。优秀的工程师除了具备良好的职业素养外，还必须具备良好的世界观、人生观、价值观。

三、新工科建设对工程人才提出新的要求

2001 年 10 月，美国工程院（NAE）与美国自然科学基金委员会（NSF）共同启动了"2020 工程师"计划（The Engineer of 2020），2004 年底发表了第一个正式报告《2020 的工程师：新世纪工程的愿景》，2005 年夏发表了第二个正式报告《培养 2020 的工程师：为新世纪变革工程教育》。其中，《2020 的工程师：新世纪工程的愿景》指出，未来工程师应该具备优秀的沟通分析、实践创造能力，良好的专业素养，高尚的道德意识和终身学习的精神。培养综合工程素养高和实践创新能力强，同时具有广阔国际视野和朴素家国情怀的工程师是新工科建设对新时代工程教育的要求。工程伦理教育旨在培养学生精益求精的大国工匠精神，激发学生科技报国的家国情怀和使命担当。

四、应用型高校的工程伦理教育现状

当前，中国正处在科学与工程技术大发展阶段，中华民族伟大复兴事业正呈现出稳定发展的势头。当今世界各国间的竞争已经转变为人才之争，而这种竞争又包含了心理素养、伦理道德水准和个人能力的角力。中华民族伟大复兴需要更多的人才参与建设。只有当学生树立起远大、坚定且科学的理想和信仰，并通过不断努力打下坚实的文化科学基础，培养良好的修养，学会做人的原则，才能在激烈的竞争中立于不败之地。将工程伦理教育融入到应用型高校教育内容之中，将有助于进一步完善和细化当前工程伦理教育现状，解决当前应用型高校工程伦理教育之间所存在的明显问题，解决应用型高校学生的理论学习和实践应用之间的脱节问题。此外，这也有助于完善工科课程体系。

1. 应用型高校的定位

应用型高校通常专注于实践和职业导向的教育，旨在培养具备专业技能和行业经验的毕业生。与研究型大学不同，应用型高校的课程设计更注重与行业需求相结合，这也影响了工程伦理教育的内容和方法。

2. 工程伦理课程设置

在应用型高校中，工程伦理课程往往被归类为选修课程，而非必修课程。这导致很多工程专业的学生在整个本科阶段可能没有机会系统学习工程伦理。

同时，课程内容可能偏重职业道德和行业规范，忽略了更广泛的伦理学和社会责任议题。

3. 教学方法与手段

应用型高校的工程伦理教学方法主要以传统课堂讲授为主，通常包含理论讲解、案例分析和讨论等方式。这种教学方式较为基础，缺乏实践性和互动性。此外，缺乏创新教学手段，如角色扮演、模拟决策和虚拟实验等，导致学生难以在实际情境中锻炼伦理判断和决策能力。

4. 师资力量与专业知识

在应用型高校，工程伦理课程的师资通常来自工程或技术背景，可能缺乏伦理学和人文社会科学方面的培训。这种师资结构可能导致教学内容的技术化，缺少对伦理问题的深入讨论与分析。此外，部分高校师资数量有限，难以提供多元化的教学资源和支持。

5. 与产业合作的局限性

虽然应用型高校强调与产业界的合作，但工程伦理教育在这方面的结合度仍然不足。产业合作多集中于技术技能培训，而伦理教育的实训和实践机会较少。由于伦理问题往往与实际工程项目中的利益关系密切相关，这种脱节影响了学生对真实工程伦理问题的认识。

6. 学生的伦理意识与兴趣

由于工程伦理课程在应用型高校中并非必修，学生对工程伦理的重视程度可能相对较低。他们更关注专业技术能力的培养，而对伦理与社会责任问题的意识较弱。这可能导致学生在毕业后面对实际工程伦理挑战时，缺乏必要的意识和判断力。

7. 工程伦理教育的挑战

应用型高校在推进工程伦理教育时面临多重挑战，包括：课程整合，工程伦理课程在整体课程体系中的地位相对边缘化，难以整合到核心课程中；教学资源，由于应用型高校资源有限，工程伦理教育的教学资源和支持较为匮乏；跨学科协作，工程伦理教育需要跨越工程学和人文社科领域，如何建立有效的跨学科协作机制是一个重要挑战。

五、当前应用型高校工程伦理教育现状反思

收集国内开设工程伦理教育课程的高校是一项复杂且庞大的任务，因为各

高校的课程设置和名称可能不同，且这类信息可能会频繁更新。表 4-1 是一些在网上公开资料中可以找到的部分高校信息，但并不保证完全覆盖所有高校。

表 4-1　国内开设工程伦理教育的部分高校

学校名称	开设的课程名称	课程重点
清华大学	工程伦理与社会责任	重点强调工程师的社会责任
北京大学	工程伦理与职业道德	涉及工程师职业道德规范
上海交通大学	工程伦理与专业责任	专注于工程领域的伦理问题
浙江大学	工程伦理学	结合实际工程案例教学
华中科技大学	工程伦理与技术创新	探讨技术创新中的伦理问题
西安交通大学	工程伦理及其应用	强调伦理在工程中的应用
同济大学	工程伦理学	包含工程实践中的伦理分析
南京大学	工程伦理与社会责任研究	涉及社会责任的广泛讨论
复旦大学	工程伦理与社会责任	涉及工程师的社会责任与道德
哈尔滨工业大学	工程伦理与职业道德	讨论工程中的伦理决策
天津大学	工程伦理学	教授工程伦理基本理论
中国科学技术大学	工程伦理与科技责任	强调科技与伦理的联系
南开大学	工程伦理与社会发展	探讨工程对社会发展的影响
中山大学	工程伦理与道德	涉及工程实践中的伦理问题
北京航空航天大学	工程伦理与技术管理	结合技术管理的伦理课程
北京理工大学	工程伦理与专业道德	涉及工程师的道德规范
华南理工大学	工程伦理与社会责任	强调社会责任的课程内容
四川大学	工程伦理与职业道德	包括工程实践中的道德问题
湖南大学	工程伦理学	涉及工程伦理理论与实践

结合表 4-1，不难发现当前应用型高校工程伦理教育现状呈现以下不足。

1. 工程伦理教育定位不清

目前，对于工程伦理教育的定位尚不明确，无论是整个教育体系设置，还是功能定位，都是暂无定论。虽然各高校都开设了工程伦理相关课程，但是课程名称和重点存在一定的差异。这种差异性可能会导致学生在不同高校接受的工程伦理教育内容和深度不同，从而影响工程伦理教育的统一性和标准化。其次，定位不明确，直接导致了实践教学中出现问题，授课教师往往注重理论知识的传授和专业技能的培养，但是忽视了思想道德方面的培养，因此工程伦理教育一直以来都没有得到足够的重视，甚至有时候还被认为是可有可无的。因此，定位不明确是当前应用型高校工程伦理教育的顽疾之一。

2. 工程伦理教育的学情不受重视

学生在整个学习过程中应当是充当主体地位，但事实上，他们的主体地位从来没有被真正重视过。传统授课过程中，授课教师主要充当着知识传授者的角色，主要侧重于专业知识的传授，但是对于学生价值观和道德层面，其实是很少在课堂教学过程中涉及的。纯粹的知识灌输是无法培养学生正确的价值观的，至于给予学生人文关怀更是无从谈起。除此之外，工程伦理教育方面的专业教师数量匮乏、教材建设缺乏，更没有完善的教学体系支撑。如果简单地借鉴国外现有的教学资料，将其运用于国内教学，恐怕会出现水土不服的情况。国外教材目前也是更为偏重理论知识的阐述，并且更为重要的是，这些理论知识与中国国情之间存在着较大的差距，生搬硬套是无法满足学生的真正需求的。除了灌输理论知识之外，如果没有具体案例的支撑，学生是很难真正理解这些理论知识的，更为重要的是，没有办法真正理论联系实际，学会解决实践中的各种问题。另外，如何将国外现成资料进行本土化也是一个非常重要的课题。例如，CDIO 是一个创新性的教育模式，其目的是培养下一代工程领域的领导者，并强调在构思（Conceive）—设计（Design）—实现（Implement）—运行（Operate）现实世界的系统和产品过程中来学习工程理论和加强工程实践，在高素质、创新型工程科技人才培养方面，体现了工程教育的系统思想、教育环境、培养模式和创新实践。一些高校已经积极推进这种 CDIO 模式，而有些高校更是在此基础上推行 EIP-CDIO 模式，即重视职业道德（Ethics）、诚信（Integrity）和职业素质（Professionalism），并与 CDIO 有机结合。这一模式强调的是做事与做人相结合，在培养过程中注重人文精神的熏陶。

3. 课程内容的局限性

从表4-1 中可以看出，大部分高校的工程伦理课程重点放在工程师的社会责任、职业道德、专业责任等方面，但可能忽视了工程伦理的更广泛议题，如环境伦理、可持续发展、全球伦理等。这些议题在全球化背景下变得越来越重要，应该被纳入工程伦理教育的范畴。其次，实践与理论结合不足，虽然部分高校强调了实际工程案例教学，但整体来看，工程伦理教育中实践与理论结合的程度可能不够。工程伦理教育应该更多地通过模拟情景、角色扮演、伦理困境讨论等互动式教学方法，提高学生的伦理决策能力和实践应用能力。再次，缺乏跨学科整合，工程伦理问题往往涉及多个学科领域，如法律、心理学、社会学等。表 4-1 中的课程设置可能过于侧重于工程专业本身，缺乏与其他学科的整合，这可能会限制学生在处理复杂工程伦理问题时所需要的多维度思考能力。最后，国际化和全球化视野不足，在全球化背景下，工程师往往需要在跨国界和跨文化的环境中工作。表 4-1 中的课程设置较少提及国际化内容，可能不利于培养学生面对国际工程伦理挑战时的应对能力。

六、工程伦理教育内容系统面临的挑战

工程伦理教育对于培养负责任的工程师至关重要。然而，在推动这一教育领域时，教育者和高校面临多种挑战。以下详细分析这些挑战。

1. 教育资源的限制

在许多教育机构中，尤其是资源有限的高校，缺乏专门的教材、合格的教师和足够的教育资金。工程伦理教育往往需要跨学科的知识，包括伦理学、社会学和心理学等，而相关教材和教学资源的缺乏可能导致课程内容不够深入和全面。

2. 课程整合的困难

工程伦理通常被视为一个辅助领域，很难与主流的工程课程（如机械、电子、土木等）有效整合。将伦理课程与技术课程紧密结合，确保学生能将伦理原则应用于实际工程问题，是一大挑战。

3. 师资队伍的专业化

有效的工程伦理教育需要由对伦理学有深入了解的教师来进行教学。然而，大多数工程教师的背景主要是技术性的，可能缺乏必要的伦理教育训练。此外，高校中专门从事伦理教学的教师数量不足，也限制了教育的质量和影响。

4. 学生的接受度和动机

工程学生可能更倾向于关注技术和实际应用，而不是伦理和理论知识。增加学生对工程伦理重要性的认识，激发他们的学习兴趣和动机，是实施有效教育的重要组成部分。

5. 教学方法的创新

传统的讲授方法可能不足以覆盖工程伦理教育的所有方面。需要创新教学方法，如案例研究、角色扮演、团队讨论和模拟工程决策等，以增强学习的实践性和互动性。这种方法的开发和实施需要时间和资源，同时也要求教师具备

相应的教学技能。

6. 伦理问题的多样性和复杂性

随着技术的发展，新的伦理问题不断浮现，如人工智能伦理、数据隐私保护等。教育内容需要不断更新，以包括这些新兴议题。同时，工程伦理问题往往涉及复杂的利益相关者关系和多维度的决策因素，如何有效教授这种复杂性是一大挑战。

7. 文化和全球视角

工程活动往往具有跨文化和全球性质，工程伦理教育需要涵盖不同文化和法律背景下的伦理考量。培养具有全球视野的工程师，理解和尊重不同文化中的伦理观念，是教育中的一项挑战。

8. 实践和理论的结合

将伦理理论与工程实践紧密结合，让学生能在实际工程项目中应用伦理原则，是工程伦理教育中的重要目标。然而，创建足够的实践机会，如实习、项目工作和行业合作，既需要时间和资源，也需要良好的行业联系和合作。

应对上述挑战，需要高校、教育者、行业和政策制定者共同努力，通过创新教育策略、增强师资力量、提升教育资源和深化产学合作等措施，提高工程伦理教育的效果，培养负责任的工程技术人才。

七、优化新工科建设背景下应用型高校工程伦理教育的措施

1. 充分重视应用型高校工程伦理教育的重要性

工程伦理教育的重要性是工程教育不可或缺的组成部分，是提高工程人才综合素质的内在要求，是工程教育全面发展的需要，也是确保可持续发展的内在需要。强化学生的社会责任感，让他们充分意识到工程对于环境乃至整个社会的重要意义和影响，并且将社会利益摆在经济利益的前面是至关重要的。面对时代发展不断变化的要求，工程师在面对不同角色不同责任的冲突时，如何平衡好公平性和有效性的问题，如何妥善地处理风险与收益分配工作，都是至关重要的问题。因此，必须充分重视应用型高校的工程伦理教育工作。

2. 有效丰富工程伦理教育的教学方法

针对应用型高校学生学习的特点，授课教师应当根据工程伦理教育的教学内容，采用多种教学方式充分发挥学生主动学习的积极性和创造性。授课教师需要花费时间从情感、态度和价值观等角度与学生进行交流，这也是区别于传

统教学的地方。授课教师除了传统的线下教学方式之外，还可以结合丰富的线上教学资源（例如超星、智慧树），实现线上线下资源的有机融合。授课教师还可以结合案例教学法、多媒体教学法等方式，在较大程度上丰富工程伦理教育的教学方式，帮助学生在宽松、开放的环境下进行学习和讨论。

综合以上分析，可以得出结论，随着新工科建设的推进，应用型高校在工程伦理教育水平的提升方面面临着艰巨的任务。因此，在教师的授课过程中，需要与时俱进，不断丰富教学内容，以更好地培养高素质的工程人才。

◆ 第四节 基于 STS 教育重构工程伦理教育内容体系

一、STS 教育在中国的发展

STS（科学、技术与社会）教育在中国的引入和发展经历了逐步的演变与本土化过程。自 20 世纪 80 年代中期引进后，中国对 STS 教育的研究和实践不断深化，特别是在如何将其融入不同教育阶段，并针对中国的教育体系和社会需求进行调整。以下是 STS 教育在中国发展的几个主要方面。

1. 政策和教育体系的整合

自从 STS 教育理论引入中国后，教育部门和学术机构开始探索如何将这一理论融入现有的教育体系中。这包括制定相关的教育政策、课程标准和教师培训计划，以确保 STS 教育理论在各级学校中的有效实施。同时，许多大学设立了相关的研究中心，开展 STS 的学术研究和教学实践，推动理论与实践的结合。例如，清华大学成立了 STS 研究所，致力于 STS 领域的学术研究和教育实践，推动 STS 教育在中国的发展。

2. 课程开发与教学方法创新

在课程设计方面，中国的 STS 教育强调理论与实践的结合，开发了一系列涵盖基础教育到高等教育的课程。这些课程不仅涵盖传统的科学技术知识，还包括科技伦理、科技政策分析、科技与社会的互动等内容。教学方法上，强调案例研究、项目式学习和批判性思维训练，以培养学生的综合分析能力和问题解决能力。上海交通大学的"科技与社会"课程，通过案例分析和小组讨论，让学生深入了解了科技发展对社会的影响。

3. 多学科的交叉合作

STS 教育的发展促进了多个学科间的交叉合作，包括哲学、社会学、历史学以及自然科学和工程学等领域的深入融合。这种跨学科的合作不仅丰富了教育内容，也为解决复杂的社会科技问题提供了更全面的视角和方法。浙江大学推出的"科技与社会交叉研究"项目，会集了来自不同学科的教师和学生，共同探讨科技发展中的社会问题。

4. 社会责任和伦理意识的培养

中国的 STS 教育特别强调培养学生的社会责任感和伦理意识。通过讨论科技在现代社会中的应用及其带来的伦理和社会问题，如基因编辑、人工智能的道德界限、环境保护等，引导学生思考并承担科技发展中的责任。北京大学开设的"科技伦理"课程，通过讨论基因编辑等热点话题，引导学生思考科技伦理问题。

5. 国际合作与交流

随着全球化的发展，中国在 STS 教育领域也积极参与国际合作和交流。通过与其他国家的教育机构和研究组织合作，中国学者和教育工作者能够分享经验、学习国际先进的教学理念和方法，进一步提升 STS 教育的质量和效果。中国科学技术大学与美国的麻省理工学院合作，开展了一系列关于科技创新与社会影响的研讨会，促进了国际 STS 教育交流。

通过这些努力，STS 教育在中国逐渐成形并持续发展，为学生提供了理解和应对科技与社会挑战的重要工具和思维方式，使他们能够更好地适应快速变化的世界，承担起构建未来社会的责任。

二、工程伦理教育的内容

工程伦理教育的内容应该围绕培养学生正确的工程伦理价值观和工程伦理判断能力展开。以下是对这一教育内容的进一步丰富和完善。

1. 培养道德敏感性

教育应首先增强学生对伦理问题的敏感度。这可以通过教授伦理问题识别的技巧来实现，如利益冲突、环境保护、公平使用、客户隐私等问题的辨识。课程可以设计模拟场景，使学生在虚拟环境中识别潜在的伦理问题，培养他们对于日常工作中可能遇到伦理挑战的敏感性和预判能力。

2. 全生命周期的伦理考量

按照马丁等工程伦理学家的理念，课程内容应覆盖产品从概念到市场的整个生命周期，这包括设计、制造、使用、维护和回收等各个阶段的伦理问题。教育不仅要关注产品的功能和性能，更要关注产品对社会、环境的长远影响，例如可持续性、环境友好性和用户安全等。

3. 处理伦理冲突

教育需要重点培养学生解决伦理冲突的能力。通过案例分析和角色扮演活动，学生可以学习在多种利益相关者（如雇主、客户和社会公众）之间的需求和期望中做出平衡。课程中应包含如何优先考虑社会利益、如何在职业责任与个人价值之间找到平衡点的讨论。

4. 伦理决策的实际应用

在教学中，应将理论与实践相结合，引导学生在实际工程活动中运用伦理原则。可以通过实习、实际项目合作、工程道德研讨会等形式，让学生在实际环境中应用所学知识，面对真实的伦理挑战，从而提高他们的应变能力和决策质量。

5. 强调持续的伦理教育

强调伦理教育是一个持续的过程，鼓励学生在整个职业生涯中不断学习和更新伦理知识。教育机构可以提供继续教育课程、在线学习资源和专业研讨会，以支持工程师在职业生涯中持续发展其伦理观念和决策技能。

通过这些详细和全面的教育内容，学生将能够在工程领域中以高度的伦理标准行事，不仅在技术上做出贡献，也能在道德和社会责任方面发挥积极作用。

三、工程伦理教育当前面临的主要问题

工程伦理教育面临的主要问题在于理论研究与实践应用的脱节、教育理念的不明确以及实用性要求的忽视。这些问题的详细分析和改善建议如下。

1. 工程伦理教育领域的相关理论研究缺乏

目前关于工程伦理教育领域的研究主要还是侧重于理论方面的研究，但是对于与工程有关的实践性问题的相关研究还是相对较少。此外，对于如何应对现实工程活动中多元主体的问题，而不再局限于工程师本身，也是工程伦理教育尚待解决的问题。工程伦理教育的理论研究和实践研究尤其是综合素养教育部分均处于初级阶段，还需要一段时间才能满足社会发展的要求。此外，简单的理论灌输也无法让学生产生真正的价值认同。

2. 工程伦理教育理念尚不明确、模糊不清

工程伦理教育属于交叉性学科，除了培养学生的人文素养之外，还需要结合相关的专业知识，培养学生的道德敏感性和正确的价值观，以便学生在步入工作岗位之后可以在面对各种各样的工程伦理问题时，在较短的时间内做出正确的判断。但就目前的情况而言，高校在开设工程伦理教育课程时尚没有统一的教学大纲，对于教学内容、教学环节的设计还处于摸索阶段。事实上，工程伦理教育对于培养全面发展的工程人才，有效减少工程类事故的发生具有非常积极正面的意义。工程伦理教育内容旨在培养学生对于工程伦理的正确思维，并且需要将这种思维有效融入专业教育之中，注重培养学生的道德素养，树立正确的价值取向。长期以来，工科专业都是重理轻文、重视专业知识学习而忽略人文素质的培养，侧重于理论知识的讲解，而忽略实践能力的培养。如果工程伦理教育的基本理念不清，将很难给学生在工程伦理教育方面打下坚实的基础。工程伦理教育师资薄弱也是一个问题，很多授课教师是没有工程背景的思政老师或者是没有思政教育背景的工科老师，因此在教学能力、知识储备等方面都存在着较大的局限性。其中，并非授课教师自身不努力，而是因为本身学科背景的原因，导致其整体发展受到限制。

3. 工程伦理教育忽视了实用性要求

目前高校的工程伦理教育主要侧重于理论教学，对于实践性教学还是比较忽视。一方面是因为缺乏工程实践背景的教师队伍，另一方面是缺乏工程实践背景的教材和资料。此外，采用传统的"老师讲、学生听"的教学模式不再适应时代的要求，不但教学效果和教学质量不好，而且对于全面培养全方位发展的工程人才是没有任何益处的。工程伦理教育应该贯穿于整个工程实践活动之中，而不是仅仅停留在理论探讨阶段。授课教师重视理论教学本身没有问题，但是因此忽略实践教学，或者对实践教学厚此薄彼确实是个问题。此外，授课教师没有充分重视实践问题的解决，或者注重介绍国外经验但缺乏本土经验的介绍。上述情况对于提升整体教学质量而言是不利的。授课教师需要有意识地培养学生如何积极参与工程实践活动，并在工程实践活动过程中创造社会价值，并能展现正确的价值观和道德观。整个技术路线是，从宏观到微观，从抽象到具体，一步一步，逐渐完善工程伦理教育体系。授课教师在具体教学过程中教学方法往往单一，无法激发学生学习的热情和兴趣。

四、基于 STS 教育对工程伦理的重构

为了系统性地构建工程伦理教育的内容体系，STS 教育可以从微观、中观和宏观三个层次进行规划和实施。

1. 微观层次——工程师职业伦理

微观层次的工程伦理教育主要集中在工程师的职业伦理上。其核心目标是培养工程师在职业活动中遵循道德规范和职业操守。

（1）职业道德准则。教授工程师职业道德准则，帮助学生理解并内化这些准则，如责任心、诚实、正直和公正等。

（2）伦理决策模型。教导学生在面对伦理困境时，如何运用伦理决策模型进行分析和选择，确保其决策符合职业道德要求。

（3）案例分析。通过具体的工程案例分析，讨论和反思工程师在实际工作中遇到的伦理问题和解决方法，增强学生的实践应用能力。

2. 中观层次——企业和行业伦理

中观层次的工程伦理教育涵盖企业伦理、行业伦理、工程政策和制度伦理、工程管理伦理、工程安全伦理、工程项目伦理等多个方面。

（1）企业伦理。探讨企业在工程实践中的伦理责任，包括对员工、客户、供应商和社会的责任。强调企业在追求利润的同时，必须遵循伦理标准，履行社会责任。

（2）行业伦理。分析不同行业的伦理规范和实践，研究行业自律和行业标准的制定与实施，确保行业内的公平竞争和诚信经营。

（3）工程政策和制度伦理。研究工程政策和制度伦理的基础和影响，探讨如何通过政策和制度设计促进工程实践中的伦理行为。

（4）工程管理伦理。讨论工程管理过程中涉及的伦理问题，如资源分配、公平性和透明度等，培养学生在管理实践中坚持伦理原则。

（5）工程安全伦理。强调工程安全的重要性，教育学生在工程设计和实施过程中必须优先考虑安全问题，保护公众和环境的安全。

（6）工程项目伦理。分析工程项目生命周期中的伦理问题，从项目立项、设计、实施到评价，全面审视项目的伦理影响。

3. 宏观层次——工程与自然、社会的和谐关系

宏观层次的工程伦理教育关注工程活动与自然、社会之间的和谐关系。随

着全球生态危机的迫近和环境恶化，人与自然的关系日趋紧张。

（1）社会公正性。探讨工程活动对社会公正性的影响，强调工程师在项目决策和实施过程中必须考虑社会公平，避免对特定群体的歧视和不公正待遇。

（2）代际公平性。教育学生在工程实践中考虑代际公平，确保当前的工程活动不会损害后代的利益，提倡可持续发展理念。

（3）可持续性。强调工程活动的可持续性，教育学生在设计和实施工程项目时，必须考虑对环境的影响，推动绿色工程和生态友好的技术应用。

通过从微观、中观和宏观三个层次构建工程伦理教育的内容体系，STS 教育可以有效培养学生在工程实践中遵循伦理原则，树立正确的社会态度，促进科学、技术与社会的和谐发展。

五、优化工程伦理教育内容体系的对策

1. 完善工程伦理教育内容体系

对于完善工程伦理教育内容体系，可以从以下几个方面开展工作。首先，增加工程伦理教育的哲学基础，从宏观角度帮助学生了解整个工程伦理教育的历史沿革，让学生逐渐学会透过现象看本质，树立正确的"三观"。其次，需要将专业知识与工程伦理教育知识有机结合，让学生学会从专业的角度认识和解决工程伦理教育问题，而不再将专业问题和工程伦理问题孤立地来看。最后，需要将工程伦理教育知识与法学、教育学等其他学科知识进行有机整合，从而形成完整的工程伦理教育体系。

2. 全面探索工程伦理教育教学方法

除了传统的授课方式之外，授课教师还可以丰富教学方法，营造更为宽松、自由的课堂环境，让学生愿意主动融入到课堂教学过程中。例如，授课教师可以采用案例教学法，通过一个个现实案例（国外案例+国内案例），来生动说明工程伦理教育的实践性问题。此外，授课教师还可以安排让学生多参与实际案例的搜集工作，然后在课堂上以研讨会的方式，让学生以小组为单位进行案例讨论，从前期的资料搜集，到后期的案例讨论和总结，让学生从真正意义上参与到整个课堂教学过程。此外，授课教师还可以引导学生从多学科的角度开展学习，以免故步自封，不再局限于本专业知识的运用，而是以开放的心态学习工程伦理教育知识，让所学各学科知识在真正意义上为自己所用。

3. 积极强化工程伦理教育师资队伍建设

积极强化工程伦理教育师资队伍建设，首先，需要整合现有的师资队伍，在现有队伍的基础上加入新的血液，增加多学科背景的教师；其次，整个工程伦理教育师资队伍需要开展针对性的多学科研究，对于最新发生的热点问题需要进行针对性研究，并且能在课堂教学过程中采用案例教学法的方式，让学生参与研究和讨论。对于最新的热点问题研究，一方面可以提高学生学习的热情和兴趣，另一方面也能保持对最新研究趋势的关注，以确保整个工程伦理教育师资队伍对于国际最新问题的追踪和研究，始终走在相关研究领域的前列。

综上所述，工程伦理教育是当代工科学生素质教育的重要组成部分。为了培养学生系统化、整体化的工程伦理素养，高校应建立完善的工程伦理教育内容体系，而不仅仅依赖于一门课程或一本教材的作用。完善工程伦理教育内容体系需要全面探索工程伦理教育教学方法，并积极强化工程伦理教育师资队伍建设。这些措施能一定程度上解决当前工程伦理教育面临的主要问题，如教育理念不明确、模糊不清，以及对工程伦理教育实用性要求的忽视等。随着时代的进步，工程伦理教育将逐步完善，更好地应对现实问题。

本章小结

工程伦理教育是当代工科学生素质教育的重要组成部分。高校需要建立完善的工程伦理教育内容体系，对学生进行系统化、整体化的培养，而不能仅仅依赖于一门课、一本书的作用。在新工科建设的背景下，特别是在应用型高校中，工程伦理教育应该贯穿于学生的整个教育过程中，结合 STS（科学、技术与社会）教育理论，重构和丰富工程伦理教育的内容体系。

第一，重构教育内容体系。基于 STS 教育理论，工程伦理教育应该包括对科技与社会相互作用的深入理解。课程内容不仅要涉及传统的职业道德和法规标准，还应扩展到技术的社会影响、环境责任、全球伦理问题等领域。通过跨学科课程，使学生能够从更广泛的社会、文化和全球视角理解和分析伦理问题。

第二，创新教学方法。工程伦理的教学应采用多样化的方法，如案例研究、角色扮演、团队项目和社会实践等，以增强学生的实践能力和批判性思维。利用技术手段，如在线模拟、VR/AR 技术，创造沉浸式的学习体验，帮助学生在模拟环境中探索复杂的伦理决策过程。

第三，强化师资队伍建设。加强工程伦理教育的师资培训，引进具备人文社会科学背景的教师，并对工程背景的教师进行伦理教育方面的专业培训。通过建立一个多学科的教师团队，提供更全面、深入的教育视角。

第四，与产业界合作。紧密联系实际工程实践，与产业界合作，定期更新课程内容以匹配最新的工业需求和技术发展。通过实习、访问和实际项目，让学生在实际工作环境中遇到并解决伦理问题，以增强课程的实用性和实效性。

第五，持续评估与改进。建立反馈机制，定期评估工程伦理教育的效果，根据学生反馈和行业发展趋势不断调整教育内容和教学方法。鼓励学生、教师和行业专家参与课程设计和评估过程，确保教育内容的相关性和时效性。

随着时代的进步，工程伦理教育将逐步完善，并能更好地解决现实问题。通过这些策略的实施，高校能够有效应对工程伦理教育面临的主要问题，如教育理念不明确、忽视实用性的问题，从而培养出能在复杂工程实践中做出道德和伦理决策的优秀工程师。

第五章　工程伦理的本质内涵

工程是人类改造物质世界的一系列创造活动。随着工程活动的普及，工程实践中的伦理问题备受关注。西奥多·冯·卡门认为，科学家致力于探索世界的本质，而工程师则需要重新创造一个全新的世界。这个创新的世界必须能够处理与自然、社会以及广大群众之间的关系。

在探索工程伦理领域的广阔天地中，人们时常被迫面对一个不能忽视的事实：随着国内建筑行业的迅猛发展与技术的飞速进步，我们所享受的便利与成就背后，潜藏着重重挑战与风险。频繁发生的工程事故不仅造成了巨大的经济损失，更使无数家庭蒙受深深的悲痛。这种情况引发了对工程伦理的深刻反思与关注。

这些工程事故的根源往往并非技术上的不足，而是源自个体的伦理道德和社会责任感的缺失。在工程项目的策划、执行和完工的每一个环节中，个体的伦理道德水平显得尤为重要，因为它直接关系到项目的成败和效益。因此，需要重视并加强对工程伦理的培养和推广。这不仅要求工程从业人员具备专业素养和技术能力，还需要他们在决策和行动中始终秉持着伦理道德的原则和价值观。

在当前中国经济转型升级的关键时期，我们正处于经济新常态的阶段。这一新常态要求我们在追求质的飞跃而非量的堆积。在这样的大背景下，对具备高道德标准和专业技能的优秀工程人才的需求日益增加。因此，工程专业教育的使命不仅在于传授专业知识和技能，更在于如何将工程伦理教育融入其中，建立起工程专业知识与伦理教育的有效耦合机制。需要通过教育的力量培养出既专业扎实又具备高尚道德素养的工程人才。这不仅能提升人才培养的整体质量，更能为工程领域的良性发展和社会的可持续进步奠定坚实的基础。因此，应该共同努力，推动工程伦理教育的发展与实践，为工程界的伦理进步和社会责任的实践提供有益的思考和建议。当前中国正处于经济转型升级的关键时期，这对工程专业教育提出了新的要求。需要认识到工程伦理教育的重要性，并将其融入到工程专业知识的传授中。通过教育的力量，培养出既具备专业知识与技能又具备高尚道德素养的工程人才，为工程领域的发展和社会的可持续进步做出贡献。希望通过本章的探讨，能够为工程伦理教育的发展与实践提供有益的思考与建议。

◆◇ 第一节 工程伦理的本质内涵

一、工程伦理教育

根深蒂固于深刻的道德教育准则之中，展现了涉及工程领域的各个主体（包括投资者、管理人员、工程师、施工人员以及其他相关人员）的职业理想、专业权利和道德水平。作为一门学科，工程伦理致力于在实践中的应用和检验，其独特的社会实践性质使其成为连接理论与实践的桥梁。

工程伦理实际上是道德教育准则，表现了个体的职业理想、专业权利和道德水平，将其看作一门学科，致力于应用在工程实践中进行检验。工程伦理具有较强的社会实践性特点，其本质表现在以下几个方面。

1. 多元主体的共同体观念

工程伦理并非是指单一的工程师，而是工程共同体，包括投资人、管理人员、工程师、施工人员以及其他相关人员。工程伦理教育的基础内容，是人员职业伦理，从狭义角度来看，主要研究内容是工程师在职业活动中对公众、雇主和环境承担的责任。由于工程主体的多元化特性，需要工程伦理。从广义角度综合考量，主要研究内容是加强工程共同体管理伦理、决策伦理以及解决工程活动经济、政治等伦理问题，研究内容多样、丰富。

2. 促进高质量工程项目的实现

工程伦理有利于将工程项目高质量完成，其积极作用表现在两个方面。一方面，可以引导工程项目朝着积极方向发展，围绕人类利益导向，将自然资源转化成高质量的工程产品。这个过程是一个摸索和实践的过程，将是非善恶等伦理问题在工程项目建设中渗透应用。工程伦理中涵盖了权利、义务和理想等价值判断，可以为工程主体人员道德决策时提供伦理准则支持。另一方面，推动良善工程实现。面对工程建设中的道德问题，由于伦理教育缺失，经常陷入到尴尬的难以抉择境地。而通过落实工程伦理教育，有助于培养工程人员优良的道德品质，在提升道德抉择水平方面具有积极作用。

3. 原则和规范的确立

工程伦理涵盖了相应的原则和规范。工程伦理是工程建设中的道德规范，需要相关人员严格遵循，规范人员行为举止。实际上，工程伦理应建立在工程活动和认知机制的原则以上，通过工程伦理规范表明工程人员要结合自身工程专业能力和实践经验，全方位履行自身职责，更好地服务公众和保护公众，对工程专业人员起到激励和教育作用，对于提升职业形象、造福社会具有积极作用。

4. 彰显人的主体性

工程活动中彰显人的主体性，可以尝试着从以下几个方面着手解读。其一，主体性主导，在工程活动中，工程人员凭借自我认知和自我实现来展现出选择性、创造性以及自主性等特点。其二，工具理性突显，通过精确功利计算的方式来实现目标，不仅可以提升工具理性主导地位，还可以降低价值理想到从属地位，避免人类陷入到盲目崇拜技术的境地中。其三，价值理性回归，在恶劣生存环境下，面对屡屡出现的工程安全事故，应该理性审视人们应该承担的工程伦理责任，在认识、实践、再认识过程中发现支持工程可持续发展的原则。

5. 与实践伦理学的契合

工程伦理学与实践伦理学本质相契合，伦理学的诞生，主要是基于社会实践实现，集合了伦理理论研究和实践问题解决为一体，在助力伦理理论完善的同时，支持道德实践活动展开。但实际上，工程伦理并非是机械化地应用到工程实践中，而是致力于增强伦理规范性和工程实践性，在相互渗透和融合下，聚焦工程从业者面临的伦理道德问题，针对性培养工程人员的道德判断和道德抉择能力，在理论联系实践中促进工程人员伦理道德水平提升和发展。

二、工程伦理的历史背景与发展

工程伦理（Engineering Ethics）的概念并没有一个确切的起源者，而是随着工程实践和伦理学的不断发展逐渐形成的一个学术领域。我国的工程伦理发展如图 5-1 所示，经历了不断的发展和完善。

工程伦理作为一个专门的学术和实践领域，虽然在历史上相对较新，但其

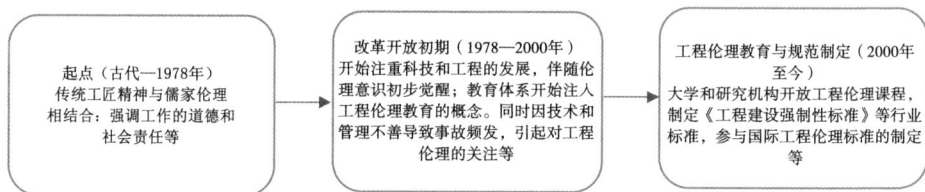

图 5-1 中国工程伦理发展过程

根基可追溯到工程实践本身的起源。若要追溯工程伦理作为学术讨论主题的起源，可以分成下面几个重要的发展节点。

1. 工程职业的早期阶段

最初，工程师主要依赖经验和技术技能来解决问题，伦理考虑并未成为主流关注的焦点。然而，随着工业革命的推进和复杂工程项目的增多，工程活动对社会和环境的影响日益明显，工程师对社会的责任逐渐引起人们的关注。

2. 工程灾难和职业道德

20世纪初，一系列重大工程灾难（如泰坦尼克号沉没、塔科马海峡吊桥崩塌等）凸显了工程决策中的伦理问题。这些事件引发了公众对工程师职业责任和道德标准的关注，促使工程界开始正式讨论和制定职业伦理准则。

3. 职业伦理准则的制定

为了提高公众对工程师职业的信任，各大工程学会如美国土木工程师协会（ASCE）、美国机械工程师协会（ASME）等，开始制定和实施职业道德准则。这些准则明确了工程师在职业活动中应遵守的诚信、公正、尊重和责任等基本原则。

4. 工程伦理教育的兴起

20世纪70年代，尤其是随着工程界对安全和环境责任认识的加深，以及公众对技术决策透明度的要求增加，工程伦理教育开始被高等教育机构纳入课程。20世纪80年代，美国工程教育认证委员会（ABET）要求所有认证的工程学院必须将工程伦理作为教育的一部分，标志着工程伦理教育正式成为工程专业必不可少的组成部分。

5. 现代工程伦理的扩展

进入21世纪，随着全球化和技术的快速发展，工程伦理的讨论也更加复杂和多元化。伦理问题扩展到了新兴领域，如人工智能伦理、生物工程伦理、数据隐私和网络安全等。此外，工程伦理不仅限于避免负面影响，还包括积极促进社会福祉，如支持可持续发展和提倡社会公正。

6. 全球伦理挑战和多元文化视角

全球化带来的是跨文化和跨国界的工程项目，这要求工程师不仅要理解和遵循本国的伦理标准，还要适应和尊重不同国家和文化的伦理准则。国际工程组织和多国公司也开始制定全球通用的伦理标准，以应对越来越复杂的国际工程实践挑战。

工程伦理的发展反映了工程实践与社会期望之间不断变化的关系。随着科技的进步和社会责任感的增强，工程伦理将继续演进，以确保工程实践能够更好地服务于人类和环境的长期福祉。

三、工程与伦理的关系

工程伦理作为一个学术领域的形成不仅是历史发展的产物，也是对工程实践中伦理问题的关注和思考的结果。通过研究和讨论工程伦理，可以帮助工程师更好地理解和解决在工作中遇到的伦理挑战，并推动工程实践更加符合道德和社会责任。在工程伦理的讨论中，"工程"一词通常指的是利用科学和数学原理来创造、设计、构建、维护和改进结构、机器、设备、系统、材料和过程的活动。这一概念广泛覆盖了土木工程、机械工程、电子工程、化学工程以及软件工程等多个领域。工程与伦理密不可分，两者相互关联和相互依存，形成一个紧密的整体。

首先，工程涉及多元的伦理关系，包括与自然、社会和个体的伦理关系，以及与经济、政治、文化和国防等方面的伦理关系。工程师在开展活动时，必须考虑其对环境的影响，确保资源的可持续利用，尊重社会公共利益，同时还需考虑工程项目可能对社会结构和文化传统的影响。

其次，工程运作是一个复杂的系统工程，其中包含着多重的伦理机制，涉及宏观、中观和微观层面的问题。这不仅包括制定引领性的伦理观念，例如在整个行业或社会中推广可持续发展和环境保护的重要性，还包括在项目具体操作中解决实际伦理冲突，如平衡利益相关方的需求与期望。

最后，工程及其运作会产生多维的伦理效应，包括对自然、社会和个体的伦理影响，以及对特定社会的政治、经济和文化等方面的伦理效应。因此，工程伦理的核心问题之一就是工程活动主体的伦理责任。

在当代，工程活动主体的伦理责任具有多重性。一方面，这是由于工程活动的复杂性、综合性和多样性所导致的。另一方面，工程活动主体所面临的伦理风险十分多样，对道德选择的要求也千差万别。此外，工程活动主体的伦理责任不仅仅指的是个体的责任，更是指作为工程活动主体的集体责任。

因此，必须高度重视对工程活动主体进行工程伦理教育，以将道德信念和工程伦理精神融入他们的内心。对于工程伦理问题的研究和讨论，需要深入探讨工程活动主体在面对各种伦理挑战时的责任和义务。这不仅涉及个体工程师的道德选择和行为，还需要关注整个工程团队和工程组织的伦理框架和文化。只有通过加强工程伦理教育和建立健全的伦理管理体系，才能确保工程活动的可持续发展，并为人类社会的利益和福祉做出贡献。通过这样的系统和持续的努力，工程伦理可以成为引导工程实践的基石，确保技术进步与社会责任同步增强。

工程的目标不仅仅在于创造新技术或产品，同时也追求确保这些创新在社会、环境和经济层面是可持续和负责任的。因此，工程伦理强调在工程师的专业实践中所应遵循的伦理原则和价值观，如诚实、公正、尊重他人以及维护公众利益等。概括来说，在工程伦理的背景下，"工程"是一个广泛而综合的概念，其关注点不仅仅局限于技术的发展和应用，更关注这些活动如何影响人类社会和自然环境。

根据闫长斌等学者的观点，工程伦理可以被视为工程意识和工匠精神的交汇点，如图 5-2 所示。这一概念强调了工程伦理的学术重要性。也不难发现，工程伦理的核心在于构建一个道德和责任感引领下的工程实践环境，旨在通过教育和实践相结合的方式，培养出既具备高专业技能又有着强烈道德责任感的工程人才，从而促进社会的整体福祉和可持续发展。

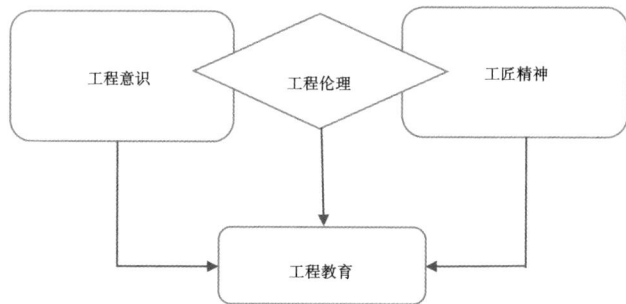

图 5-2　工程意识、工程伦理、工匠精神的关系

◆◇ 第二节　我国工程伦理教育现状分析

一、国内外现状对比

工程伦理教育在广义上可以被定义为培养工程人才的社会活动，旨在提高工程师在技术领域的专业素养和伦理道德水平。在现代工程实践中，工程师的技术能力不仅仅需要优秀的专业知识，还需要具备正确的伦理观念和行为方式。

狭义上来说，工程伦理教育是通过教育目标和教学计划，由工程专业教师向学生传授相关的理论知识。这些知识包括工程师应遵守的道德规范、伦理原则以及与工程实践相关的法律义务。工程伦理教育的目的是确保学生能够理解和应用这些知识，以更好地处理工程实践中的伦理问题，并为社会工程活动的进行做出贡献。

工程伦理教育的广义概念强调了社会活动的层面，它突出了培养工程人才的重要性并将之置于社会背景之中。在这一视角下，工程伦理教育应该通过提供机会，使学生能够参与到真实的工程项目中，从而理解和解决工程实践中的伦理问题。广义的工程伦理教育不仅着眼于传授理论知识，更强调培养学生的判断能力、沟通能力和团队合作精神，以便他们能够在日后的工程实践中做出明智的决策，并展示出良好的伦理行为。

国外工程伦理教育的研究起步较早。从 20 世纪 70 年代开始，美国高等工程教育中开始出现了工程伦理教育的概念。随后，德国、法国等其他发达国家的工程师和哲学家也开始普遍关注工程伦理。

美国工程伦理教育的起源可以追溯到 20 世纪 70 年代，当时美国几个著名机构发生了令人震惊的学术造假事件。此外，1975 年的艾斯罗马会议上，学者们对 DNA 重组的伦理问题提出担忧；1986 年，"挑战者"号航天飞机的发射失败也引起了对工程伦理的思考。这些事件促使人们开始关注工程伦理，并最终形成了工程伦理教育。

德国一直以来在世界工业强国中占据着重要地位。可以发现的原因是，德国工程伦理注重提高工程技术责任的评估，以避免工程活动带来的负面影响。20 世纪后，德国工程师的地位越来越凸显，他们逐渐将技术纳入哲学实践中，赋予工程技术活动以技术思考。德国人以严谨和精益求精的态度处理事务，对工程质量、技术以及各个环节都提出了极为细致的要求，因此德国制造成为了质量保证的代名词。

法国以其独特的人文教育，将工程师视为社会的推动者。法国的工程教育注重培养工程师的社会责任感和伦理意识。其理性教育思维更加注重学生数学思维和理性教育的培养，这种工程教育模式塑造了法国工程师卓越的地位。

然而，国内对工程伦理教育的研究起步相对较晚。最早可以追溯到1996年，董小燕发表了一篇关于美国工程伦理教育的论文。该论文阐述了美国工程伦理教育兴起的原因，并指出工程伦理教育的目的是帮助学生识别和探讨伦理问题，进行道德识别，并对伦理相关问题进行评判和选择。国内的工程伦理教育研究相对较少，还有较大的发展空间。

国外工程伦理学科在发展上已经相当成熟，而国内的工程伦理教育仍处于起步阶段。在中国，一些高校已经开展了工程专业教育与工程伦理教育融合的尝试，并取得了一定的成效。以下是一些具体的案例。

清华大学：清华大学在工程伦理教育方面一直走在前列。其工程伦理课程不仅涵盖了工程伦理的基本理论，还结合了大量的实际案例，如"高铁事故分析""环境污染事件反思"等，使学生能够深刻理解工程伦理在实践中的重要性。

上海交通大学：上海交通大学在船舶与海洋工程等专业中，将工程伦理教育与专业课程紧密结合。通过模拟工程决策过程，让学生在面对实际的工程伦理困境时，能够做出合理的伦理选择。

华中科技大学：华中科技大学通过与企业合作，引入了企业的真实案例，让学生在实际的工程实践中学习工程伦理。这种模式使学生能够更好地理解工程伦理在工程实践中的应用。

西安交通大学：西安交通大学采用"翻转课堂"的教学模式，让学生在课前通过在线课程学习工程伦理的理论知识，课堂上则进行深入的案例讨论和伦理分析，提高了学生的学习效果。

这些案例表明，中国的工程伦理教育正在逐步实现与工程专业教育的融合，通过多种教学方法的创新，提高了学生的工程伦理意识和决策能力。

二、我国工程伦理教育存在的问题

我国工程伦理教育虽然已经取得一定的发展，但在实施过程中仍存在一些主要问题，甚至在一些教学实践中，工程伦理教育还未被纳入工科教育的范畴中。因此，在工程伦理教育中存在不足和欠缺之处。在部分高等院校的教育体系中，对于培养工科学生的人文素养的重视程度较低，对工程伦理教育的具体专业化程度也较少。相反，过分关注道德层面的教育，未能真正实现工程和伦理的有机整合。以下是对这些问题的详细分析。

1. 起步较晚、发展水平相对落后以及普及度较低

最早的工程伦理教育在台湾高校的开设初见成效，但仍存在着较大的提升空间。20 世纪 90 年代，工程伦理课程首次在台湾高校推出，工程伦理素养也成为工程师所必备的一项能力，在台湾的工程界和教育界得到了广泛的认可。1998 年，肖平教授出版了《工程伦理学》教材，并在西南交通大学开设了工程伦理课程，这标志着我国工程伦理教育迈出了一大步。到了 20 世纪末，李伯聪教授、丛杭青教授、李世新教授和王倩教授等一批专家开始对工程伦理问题、体系以及教学进行了深入研究，工程伦理教育取得了可喜的进展，工程伦理作为工科教育体系的重要组成部分开始得到普及和发展。虽然中国的工程伦理教育在近年来得到了更多关注和发展，但与西方国家相比仍存在一些差距，包括起步较晚、发展水平相对落后以及普及度较低。因此，需要进一步提高工程伦理教育质量，加强与国际接轨，使之更加学术化。

2. 师资力量的匮乏

目前我国高校存在师资力量不足的问题，特别是在开展工程伦理教育方面，高校很少能够招募到具备相关专业背景的教师，这对于推动工程伦理教育的有效实施构成了困扰。同时，也缺乏经验丰富的教授和专家来指导学生进行道德抉择的实践能力。毫无疑问，合格的工程伦理教师是实施有效教育的关键。然而，目前许多从事工程伦理教育的教师可能缺乏相关专业背景或在伦理教育方面的深入研究。这种情况对于教学质量产生了不可忽视的影响，也会进一步影响学生的学习效果。因此，急需提供专业的教育训练和实践经验，以提高工程伦理教师的专业水平和教学能力。为了解决这一问题，需要在吸引和选拔教师时更加重视其专业背景和对伦理教育的研究深度。此外，还应该积极发展教师的培训计划，并提供实践机会，让教师能够在实际教学中积累经验。通

过这些努力，将能够提高教师的教学质量，从而为学生提供更有效的工程伦理教育。

3. 教育内容与工程实践脱节

工程伦理教育在过于强调理论知识的传授方面存在一些问题，与实际工程实践之间存在脱节现象。学生常常在课堂上学习伦理原则和道德规范，但却难以将这些理论知识应用于实际的工程决策中。这种脱节导致学生在面对实际工程道德问题时缺乏实践能力。一方面，我国的关于工程伦理的教学方法多采用"填鸭式"，教师主导讲解理论知识，而未能遵循学生身心发展规律，缺乏启发式和引导式的教学模式。教学中主要以课堂教学为主，缺乏使用案例法和实践法模拟工程伦理的决策环节。此外，也忽视了工程问题与其他学科的跨学科联系。工程教育是一种多元价值交叉的教育，工程问题本质上具有跨学科性质。另一方面，我国的工程教育过于注重专业化，工程伦理教育仅限于基础理论知识的掌握，流于形式。工程伦理教育未能适应跨学科和综合化的科技发展趋势，学生综合素质和能力方面存在不足之处。因此，有必要对现有的工程伦理教育进行调整和改进，以更好地满足学生的需求和未来工程实践的要求。

4. 缺乏系统化和标准化的工程伦理课程设置

高等教育机构在设置工程伦理教育课程方面存在一些不系统、不标准化的问题。例如，在培养工科人才的大纲中，只简单描述了需要培养具有社会责任感、工程伦理素养合格和专业基础扎实的人才，却没有通过相关课程来具体实施，或者仅将工程伦理教育内容穿插在其他课程中进行讲解，并没有专门设立工程伦理教育课程。当前我国高校对工程伦理课程的设置呈现出多样化的形式。有些高校单独开设工程伦理课程，而其他高校则将伦理内容穿插在工科专业课、思政课、学术规范等课程中。更有甚者，一些高校将思想品德课作为全校所有专业学生的专业伦理课程，采用传统的讲授法，统一安排不同专业的学生上课。就高校工程伦理教育的课程设置而言，不同高校之间存在较大差异。有些学校将工程伦理作为必修课，而其他学校则将其作为选修课。此外，课程内容、教学时长和评估方式等方面也存在差异，导致工程伦理教育的质量和效果难以保证。因此，为了提高工程伦理教育的学术性和有效性，需要对高校工程伦理课程进行系统化和标准化的改革。首先，应该制定统一的教育大纲，明确工程伦理教育的基本要求和培养目标。其次，应该设立专门的工程伦理教育课程，以独立的形式进行授课。课程设置应涵盖必要的理论知识、实践案例和道德探讨，以培养学生辨别伦理问题和做出正确决策的能力。此外，应该加强师资队伍建设，培养专业素养高、教学水平优秀的教师。最后，应该建立健全评估体系，对学生在工程伦理教育方面的学习效果进行评估和监测，以确保教育目标的实现。

5. 工程伦理教育的机制和政策在我国存在缺失

20世纪80年代，在美国工程和技术鉴定委员会（ABET）的要求下，伦理教育被明确纳入美国工程教育计划。此外，美国国家人文基金和国家科学基金设立专项资助，为工程伦理学的发展提供了资金和人才保障。值得注意的是，加拿大工科学生在毕业时需佩戴工程师戒指，以提醒他们在工程设计过程中避免工程事故的发生。在我国的高校工程教育中，并未开设专门的伦理教育课程，表明我国在工程伦理教育方面存在明确的实施规定的缺失，工程伦理教育的定位仍不明确。此外，人才培养体系也不健全，缺乏教育大纲、规范标准和教材等有效的教育工具。工程职业资格认定还处于初级阶段，工程教育体系也尚未为工程伦理教育的普及提供有效的渠道，这严重制约了我国工程伦理教育的发展。因此，有必要对工程伦理教育进行深入研究，并制定相应的机制和政策。建议设立专门的伦理教育课程，并制定相关的教育大纲、规范标准和教材，以确保工程伦理教育的有效实施。此外，还应加强工程职业资格认定的工作，建立健全人才培养体系，为工程伦理教育提供更广泛的普及渠道。这些举措将有助于推动我国工程伦理教育的发展。

从实践情况来看，大多数工程专业教育普遍认识到工程伦理教育在培养卓越工程师中的重要性。然而，令人遗憾的是，国内只有浙江大学、清华大学以及西南交通大学等少数高校开设了专门的工程伦理课程，并且受到的重视程度并不高。相较于其他排名前列的学科，在工程专业中，工程伦理教育尚处于较为滞后的局面，其教育水平偏低。总体而言，目前我国工程伦理教育过于拘泥于理论研究层面，在实践层面仍存在许多不足，有待进一步提升和完善。为了更好地促进工程伦理教育的发展，有必要对其进行更新和改进。

近年来，教育部陆续发布了《关于开展新工科研究与实践的通知》以及《关于推进新工科实践与研究的通知》，旨在积极探索和改革高等工程教育，以切实培养适应时代需求的新型工程人才。各高校纷纷借鉴并依照自身办学条件，积极探索工程教育创新改革，以配合国家战略发展的需求。

然而，需要注意的是，工程伦理教育作为本应属于高校工程教育范畴的重要组成部分，在我国迟迟没有得到应有的关注和发展。工程伦理教育在新工科建设中具有极其重要的价值，不仅丰富了工程教育的内涵，更完善了工程人才的基本素质。

工程伦理教育的重要性不容忽视。

首先，它在道德层面上引导工程学子树立正确的价值观和伦理意识。工程人员在实践中常面临艰难的道德抉择，如安全与效益的平衡、环境保护与经济发展的协调等问题。通过工程伦理教育，学生能够提高道德敏感性和良好判断力，培养正确的伦理意识和责任感，从而更能在实践中做出正确的决策。

其次，工程伦理教育能够促进工程实践的可持续发展。在社会变革和科技创新的背景下，工程实践对社会和环境的影响日益显著。通过工程伦理教育，学生能够全面理解、评估和解决与工程实践相关的伦理问题，遵循道德要求和职业准则，从而推动工程实践的可持续发展。

另外，工程伦理教育还有助于培养工程人员的团队合作和沟通能力。在现代工程实践中，团队合作已成为一种常态。通过工程伦理教育，学生能够学习和了解与工程伦理相关的团队合作、沟通与冲突解决等技能，提高团队协作的效率和质量，从而更好地适应工作中的实际需求。

◆◇ 第三节　工程专业教育中工程伦理教育融合的可行性

一、工程专业教育、工程伦理教育和人才之间的关系

通过对我国工程教育来源的详细梳理，研究工程教育的特点及趋势，可以得出工程伦理教育与工程专业教育之间存在一种互补和完善的关系。工程伦理教育作为一种重要的教育方式，对于提升工程人才素养起着基石的作用，如图5-3所示。在工程专业教育中，强调对工程师进行专业技术培养的同时，也强调需要具备良好的伦理道德素养的重要性。

工程伦理教育与工程专业教育之间的关系可以从三个方面进行解析。

首先，工程伦理教育作为一种补充，可以弥补工程专业教育中的不足。在传统的工程教育中，更多地注重了专业技术的培养，而往往忽略了工程师在专业实践中应具备的伦理道德素养。因此，工程伦理教育可以填补这一空白，提醒工程人员要反思自身行为，兼顾科技创新与社会责任。

其次，工程伦理教育是对工程人才素养提升的重要基石。通过工程伦理教育的引导和培养，工程学生可以更好地了解工程伦理的概念和原则，培养正确的伦理观念和道德行为。这样的教育有助于塑造工程师正确的职业道德，提高其责任感和使命感，进而提升整体工程人才素养。

最后，工程伦理教育可以强化工程教育的综合性和人文性。工程伦理教育的实施需要涉及伦理道德、法律法规等人文学科的知识和思考。通过对这些内容的学习和思考，工程学生可以更好地理解工程实践中的伦理问题，并能够综合运用相关学科知识做出正确的判断和决策。从而，工程教育的教学内容更加完善，为培养具有全面素质和综合能力的工程人才打下坚实基础。

总之，工程伦理教育是对工程教育的一种补充和完善，也是提升工程人才素养不可或缺的一环。通过对工程教育来源的梳理、工程教育特点及趋势的分析，可以更好地理解两者之间的关系。图 5-3 充分展示了这三者的关系。

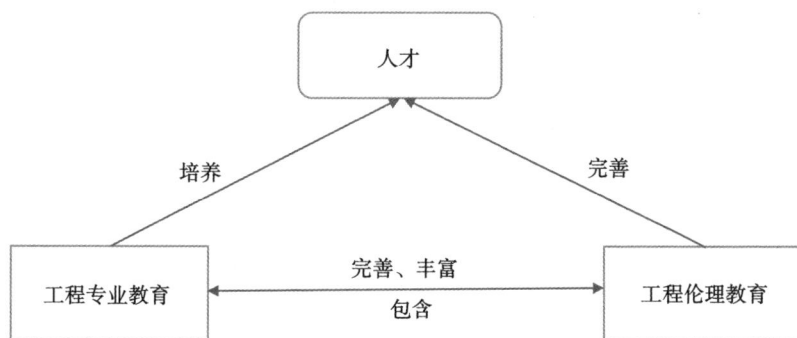

图 5-3　工程专业教育、工程伦理教育与人才的关系

二、可行性分析

加强工程专业学生的工程伦理教育，以提升其专业能力，对于支持工程项目的高质量建设和社会的正常运转具有重要意义。因此，积极促进工程伦理教育在工程专业教育中的融入是必然的选择，有助于充分彰显工程价值并实现工程目标。同时，还需要重视学生的职业伦理培养，以便他们能够支持工程项目的高质量建设和社会的正常运转。通过注重工程伦理教育，可以培养学生正确的价值观和道德观，使他们成为具备职业道德和责任感的工程专业人才。

1. 有助于工程人员在岗位上尽职尽责

从职业角度来看，工程伦理对于工程人员在岗位上尽职尽责起着重要的作用。工程人员是从事工程相关工作的人员，他们以自愿组织的方式，并且符合道德规范与原则，以实现共同的道德理想。工程本身是工程伦理教育的主要对象，工程人员应该在工程实践中认真履行职责。工程对社会的影响力较大，因此需要建立在工程师可靠的职业素养和道德品质之上。为了支持工程高质量的建设和发展，积极地实施工程伦理教育是非常必要的，这有助于形成工程人员优良的职业形象。值得注意的是，伦理责任与特定的社会身份之间存在着密切的联系，因此需要明确具体的社会角色，并积极地承担相应的责任和义务，避免工程建设过程中出现互相推诿责任的情况。加强工程伦理教育在强调个体凭借自身专业技能向他人提供服务的同时，也需要承担对服务对象的关照责任。因此，工程人员所承担的责任不应仅限于技术层面，而应当深入探讨更高层次的伦理问题，这有助于提升工程从业者的伦理认知水平和实践能力，增强伦理敏感性和伦理抉择能力，树立起高尚品质、正直人格和职业尊严。只有将理论与实践相结合，自觉地将伦理准则落实到实处，工程人员才能更加积极主动地承担社会责任，为推动社会发展做出更大的贡献。

2. 有助于工程人员慎重对待伦理问题

工程伦理教育对于工程人员来说至关重要，因为对于工程本质和特点的理解将直接影响到他们在工程实践中如何处理伦理问题。然而，由于个体对于工程的理解和受教育经历的不同，导致了对于工程伦理的接受存在一定的差异。尽管技术中性论可以反映出个体的工程直观感受，但是它还存在很多欠缺，不能全面地解释伦理问题。与此不同，技术价值论肯定了人在社会中的价值，并涉及善恶美丑等价值判断。在工程实践中，许多工程人员面临着伦理两难的困境，并非是因为道德修养不足，而是因为他们缺乏对于工程伦理的敏感性，没有意识到工程中存在着深层次的伦理诉求。当前工程领域和伦理教育领域对于工程伦理问题存在着双向冷漠的情况，甚至认为二者互不相干。然而，实际上，工程实践中涉及的伦理问题非常复杂，这种割裂是人为造成的。事实上，工程领域没有纯粹的伦理问题，加强工程伦理教育的目的是为了增强工程人员的伦理道德判断能力，使他们能够准确、熟练地做出最佳判断，并妥善有效地处理工程中的伦理问题。工程伦理问题的辨析表明，在某些维度上，伦理道德对于工程而言并不是不证自明的，同时也表明了伦理问题是相互渗透影响的，而不是一种空想。因此，需要进一步深入地思考和研究工程伦理问题，以更好地理解其存在的目的和针对性。

3. 伦理保障了工程价值的实现

在现代社会，工程技术和工艺以惊人的速度不断进步和发展。然而，与此同时，也出现了让人束手无策的困境。工程与人类社会的持续发展有着密切的联系，推动着工程技术的进步，增强着人类改造社会和客观环境的能力。因此，对于工程技术进行伦理反思变得非常必要。工程人员的职业角色正在发生转变，尤其是工程师。过去，工程师主要扮演为顾客提供技术服务的角色，而如今，他们正转向面向社会和环境的双重责任发展。这种变化催生了工程伦理准则的诞生。在当前社会背景下，工程对人类生活产生了巨大的影响，已经渗透到社会生产生活的各个领域。因此，工程的进展往往会出现超出预期的情况，这就需要建立明确的伦理约束。对于工程职业群体来说，加强工程伦理教育非常重要，这有助于制定明确的职业伦理规范并确保其得到遵守。工程伦理作为工程人员职业素养的重要内容，需要严格遵循。应该着重强调工程人员的职业道德和社会责任，以保障工程技术的正确、安全、可持续发展。只有通过深入的伦理思考和反思，才能更好地应对现代社会中出现的伦理困境，确保工程技术的进步能够真正造福人类社会和改善环境。优秀的伦理规范是一种规定与忠告相结合的工具，以直观的方式描述了职业行为中可接受和不可接受的行为。它有助于工程人员深入思考职业行为，并尽可能避免自我欺骗的出现。工程伦理要求工程人员遵守相应的道德义务，坚守基本的道德准则，为解决职业实践中的伦理冲突提供支持。因此，工程人员应当意识到自身行为对社会发展的影响，并致力于提供公正、无私和诚实的服务，从多个方面保障公众的身体健康，为社会谋福利。然而，需要注意的是，遵守伦理道德规范并不仅仅是简单地遵循规定，而是要试图以积极的方式推动人类社会的发展。因此，工程人员应该以学术的精神和智力为基础，不断探索如何在职业实践中推动伦理发展，并在解决伦理矛盾冲突时发挥积极作用。

◈ 第四节 工程专业教育和工程伦理教育的耦合机制建立措施

一、工程专业教育与工程伦理教育对比

随着科学技术的飞速发展，工程技术在推动社会进步和经济增长方面发挥

着越来越重要的作用。然而，工程实践中的伦理问题也日益凸显，这使得工程伦理教育的重要性日益凸显。工程专业教育和工程伦理教育作为培养未来工程师的两大基石，它们的耦合关系研究具有重要的现实意义和深远的战略价值。研究工程专业教育与工程伦理教育的耦合机制，有助于培养全面发展的工程人才，提升学生的综合素质和社会责任感，推动高等教育的创新和发展。工程专业教育与工程伦理教育的内在联系如下。

教育目标的一致性。工程专业教育的目标是培养具备专业知识和技能的工程技术人才，而工程伦理教育的目标是培养具有高度社会责任感和伦理道德素养的工程师。两者共同指向培养全面发展的工程人才。

教育内容的互补性。工程专业教育侧重于技术知识和能力的培养，而工程伦理教育侧重于伦理道德和价值观念的塑造。两者的结合，能够使工程师在技术能力与伦理道德方面得到均衡发展。

为了清晰地对比和分析工程专业教育与工程伦理教育在教学目标、教学观念、教学内容、教学方法、教学过程等方面的侧重点及其关联性，表5-1展示了它们的异同点。

表5-1　工程专业教育与工程伦理教育对比分析表

方面	工程专业教育	工程伦理教育	关联性与差异分析
教学目标	掌握扎实的工程理论知识和技术技能，解决复杂工程问题	培养职业道德和社会责任感，在工程实践中做出符合伦理的决策	两者均旨在培养全面发展的工程人才，但侧重点不同：前者侧重技术能力，后者侧重伦理意识
教学观念	强调科学性、技术性和实践性	强调人文性、社会性和价值性	工程教育和伦理教育的融合需结合技术与人文，形成综合性教育观念
教学内容	工程基础课程、专业课程、实验与实习等	伦理理论、伦理案例分析、伦理评估等	融合课程设计，将伦理问题引入工程课程，并结合实际案例进行教学
教学方法	讲授法、实验法、项目教学法等	案例教学法、互动教学法、角色扮演等	两者教学方法互补，工程教育中可引入伦理案例，伦理教育中结合工程实际
教学过程	课程设计、实践教学、学术研究等	伦理培训、社会实践、社区服务等	实践教学和社会服务环节是两者融合的关键，通过实际项目和服务提升学生的综合能力和责任感

在应用型高校建设"新工科"专业的过程中，知识传授、能力提升和价值引领是三个相互关联、相互作用的方面。工程专业教育和工程伦理教育作为"新工科"教育的核心组成部分，它们的耦合关系对于培养具有社会责任感和伦理道德素养的工程技术人才至关重要。图5-4展示了这三者的关系。

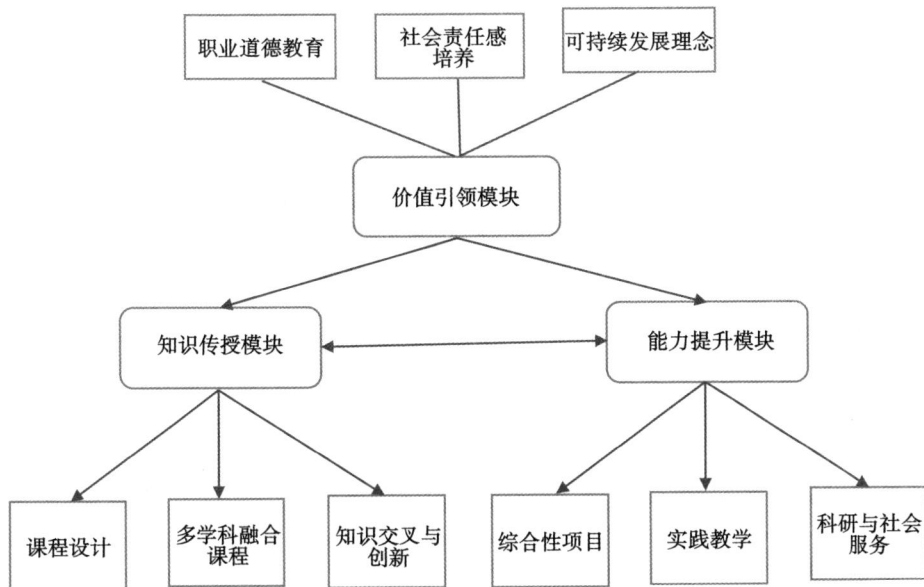

图 5-4　知识传授、能力提升、价值引领的耦合关系

二、耦合机制分析

清华大学在工程专业教育中，非常注重工程伦理教育的融合。以下是如何体现耦合机制的几个方面。

1. 教育理念上的融合

清华大学强调，工程专业学生不仅要掌握扎实的工程技术，还要具备良好的职业道德。工程伦理教育被纳入学生的核心培养计划，确保每个学生都能在接受专业技术教育的同时，也能够学习到伦理决策和职业责任。

2. 课程内容的渗透与整合

清华大学的工程专业课程中，教师会结合工程实践，引入伦理问题的讨论。例如，在讲授土木工程时，会讨论工程对环境的影响，以及在设计和施工过程中如何考虑公共利益和安全。此外，工程伦理课程也使用真实的工程案例，如桥梁垮塌、环境污染事件等，让学生分析这些事件背后的伦理问题。

3. 实践环节中的耦合

清华大学的学生在实验室工作、实习和参与工程项目的实践中，被要求遵守工程伦理规范。例如，在工程设计课程中，学生需要考虑他们的设计如何影响社会和环境，以及如何符合可持续发展的原则。

4. 教师角色的双重性

清华大学的工程专业教师不仅是技术专家，也是伦理教育的推动者。他们在授课时会强调工程伦理的重要性，并通过案例研讨、伦理困境分析等方式，激发学生对工程伦理问题的深入思考。

5. 评估与反馈体系的完善

清华大学建立了多维度的评估体系，包括学生自评、同学互评、教师评价以及企业和社会评价，以确保学生能够在专业技能和伦理素养方面都得到提升。根据评估结果，教师会调整教学方法，以形成有效的教学反馈循环。

三、耦合措施

正是通过这些创新措施，清华大学在工程专业教育与工程伦理教育的融合方面取得了显著成效。培养出了一大批既具备高超专业技能又深具社会责任感的工程师，为社会的可持续发展做出了积极贡献。然而，为了进一步深化这一融合，还需要建立完善的工程伦理教育体系，并明确工程伦理教育的合理目标。同时，细化培养机制，围绕学生主体地位开拓工程伦理教育课程，提升师资队伍水平，也是至关重要的。

1. 建立完善的工程伦理教育体系，并明确工程伦理教育的合理目标

在这一方面，必须对工程伦理教育与工程专业教育的耦合进行合理审视。为了建立一个完善的工程专业教育和工程伦理教育相互融合的机制，需要规范性审视这种融合机制。其中一个重要方面是对其合理性进行评估，分析建立融合机制的可行性和合理性，以实现工具合理性和价值合理性的和谐统一。由于教育实践是在信念、习惯、条件、利益、价值观和欲望等要素构成的关系中进行的，教育工作者需要在烦琐的立场中确保理解价值的延续机制和意义，并正确扮演规范体系表达者的角色。工程伦理教育依赖于协同机制、培养机制和情境机制的协调运行，这些要素密切相关，必须在实践活动中得以展现出其应有的价值。因此，在工程伦理教育中，应充分依赖于客观情况，灵活选择不同的教学方法，并建设一个高素质且具有特色的团队来提供支持。

另一方面，确定以社会责任为中心的工程伦理教育目标。工程是一种通过多种技术手段改造客观世界的活动，因此在工程伦理教育中，应该明确其教育目标，即通过增强学生在工程实践中的伦理敏感性，有效解决工程实践中的矛盾和冲突。因此，应该帮助广大学生认识到学习工程专业技术是为了为社会发展做出贡献，正确看待科技的积极作用，并认识到科技也可能带来负面影响。最终，要认识到在工程科技领域进行伦理教育的重要性。在工程伦理教育中，应该关注以下几个方面的内容：增强学生的伦理责任意识和伦理道德敏感度，加深他们对人道主义精神内涵的理解和掌握，以此夯实学生的道德基础。同时，需要培养工程师责任担当意识，并注重创新思维和理论联系实践，以充分实践工程伦理原则。此外，还要坚持可持续发展原则，拓展工程设计思路，并致力于工程科技的创新发展方向。此外，还需要强调工程师的社会责任意识，并掌握工程伦理教育的步骤和方法。然而，需要认识到，伦理规范和伦理决策都应紧密围绕社会责任的核心内容展开，以增强工程师的伦理意识和责任意识，从而能够在工程实践中灵活运用伦理规范，做出更合理的工程决策。

通过促进工程专业教育和工程伦理教育有机融合，有助于增强学生的社会责任意识，使他们在后续的工程实践中严格规范自己的行为，积极消除和解决工程实践中的伦理冲突。同时，这一教育措施不仅解决了当前的工程伦理问题，还进一步丰富了时代的价值和内涵。

2. 细化培养机制，围绕学生主体地位

建立工程教育专业和工程伦理教育耦合机制，一项重要内容是细化人才培养机制，积极推动教育理念、教育内容、教育方法和师资队伍重构。这种重构必须紧密围绕实际工程实践的需求，持续增强工程伦理教育的活力，从而全面提高其教育效果和改革成效。

首先，要以学生为中心，将"协同育人"和"学科交叉"理念贯穿到教育实践中。这不仅要求学生在理解工程伦理的基础上，能够将其应用于实际工程问题的解决，同时也需要教育者从实践出发，设计与真实工程环境紧密联系的课程和活动。通过多学科交叉指导工程伦理教育活动开展，在夯实教育基础的同时实现多学科教育资源合理化配置与利用，切实提升学生的工程伦理矛盾解决能力。

在教育方法上，应重视案例教学和情景模拟的运用，通过具体、实际的工程案例来引导学生理解并分析伦理问题，从而更好地培养学生的批判性思维和伦理决策能力。同时，引入角色扮演和团队协作任务，可以增强学生在面对伦理困境时的实际操作能力和团队内沟通、协商的能力。

在师资队伍建设方面，应加强师资的跨学科背景培养，特别是在工程领域与哲学、社会学等领域的交叉融合，以培养具有强烈工程伦理责任感和宽广视野的教师团队。同时，鼓励教师参与工程实践和伦理研究，通过持续的专业发展和学术交流，不断提升其教学和研究能力。有效地提升工程伦理教育的整体质量和实效，使学生能够在未来的工程实践中，不仅技术过硬，更具备解决复杂伦理问题的能力，为社会的可持续发展做出贡献。这样的人才培养机制，既符合时代发展的要求，也响应了教育现代化的趋势。

3. 开拓工程伦理教育课程，提升师资队伍水平

为了更好地开拓工程伦理教育课程并提升师资队伍水平，需从几个关键方面进行改进和创新。首先，在课堂教学中，应将工程伦理教育贯穿于教学的全过程，确保其实际应用。在确认学生的主体地位的同时，教师应发挥关键的教育和引导作用，深入讲解工程专业与工程伦理教育的关联性。此外，应积极整合并优化工程伦理教育资源，确保与学生的学习进度同步，以便于及时发现问题并进行反馈。

其次，建立一个高质量的教学内容体系是至关重要的。该体系应整合中国传统文化和伦理思想，依此基础对工程职业实践及其社会治理内容进行本土化改造，实现教育内容的动态更新。这不仅有助于学生更好地理解和融入本土工程伦理的实际场景，还能增强其对国际伦理标准的理解和应用。

在教学方法上，结合不同教育对象的需求和实际工程问题，应积极推动教学方法的创新和优化。例如，案例学习、小组学习、体验学习和项目学习等方法可以大大增强工程伦理课程的教学效果，使学生能够在实际操作中学习和理解工程伦理。

此外，加强师资队伍建设是提升教育质量的关键。推行团队教学模式，实现多专业、不同领域师资的有机整合，是提高教学质量的有效策略。采用"1+1+1"教学团队组合方式，即一位主讲教师加上来自不同专业背景的两位辅助教师，可以为学生提供更全面、多角度的学习体验。同时，适当增加兼职师资，比如邀请校友工程师定期来校授课，不仅能提供实践经验的分享，还能通过师徒制方式给学生带来深远的影响。通过定期的集中培训，可以全方位地提升师资队伍的整体专业水平，对提升工程伦理教育的成效起到积极作用。

本章小结

随着我国工程建设市场的迅速发展，对具备高水平工程专业知识及强烈伦理责任感的人才的需求日益增加。工程伦理的本质内涵强调的是工程师在其职业行为中应遵循的道德准则和责任意识，这不仅关乎个体的职业道德修养，更涉及整个社会的可持续发展与福祉。当前我国工程伦理教育的现状显示，尽管在一些高校中已开始引入工程伦理课程，但普遍存在课程体系不完善、教育资源缺乏、教学方法单一等问题。这些问题的存在，限制了工程伦理教育的效果，也影响了学生伦理意识的充分培养。在此背景下，将工程伦理教育与工程专业教育融合的可行性显得尤为重要。通过整合资源，采用创新的教学方法，并将伦理教育融入到工程教育的各个方面，可以更有效地培养学生的伦理判断和决策能力。为了实现这一目标，需要建立一套有效的耦合机制，包括：建立完善的工程伦理教育体系，并明确工程伦理教育的合理目标；细化培养机制，围绕学生主体地位；开拓工程伦理教育课程，提升师资队伍水平。

通过上述措施，可以在加快工程专业教育改革进程的同时，有效落实工程伦理教育，促进二者的相互交叉与渗透。这不仅能够强化学生的工程专业知识和能力，更能进一步培养他们的伦理意识和责任意识，为我国工程建设领域乃至社会发展培养出更多优质的人才。这种教育模式的转变，是对工程教育和伦理教育双重提升的体现，也是适应现代工程职业要求的必然选择。

综上所述，在加快工程专业教育改革进程的同时，也要积极落实工程伦理教育，促进二者相互交叉、渗透，在强化学生的工程专业知识和能力的同时，更进一步培养学生的伦理意识和责任意识，形成新的伦理思想，培养工程建设领域和社会发展所需要的优质人才。

第六章　基于 CDIO 的工程伦理教育融合教育模式

在当今社会，随着工业技术的不断发展和创新，工程教育正面临着前所未有的挑战。特别是对于应用型高校而言，如何有效地将工程伦理教育与实际工程实践相结合，成为了一个亟待解决的问题。在这方面，CDIO 工程教育模式提供了一种有效的途径。CDIO 强调将工程教育与工业界的实际需求相结合，注重培养学生的实践能力和团队协作精神，从而更好地满足社会对工程人才的需求。

本章将从以下几个方面探讨基于 CDIO 的工程伦理教育融合教育模式。首先，对目前国内高校工程伦理教育工作的现状进行调查分析，以揭示其中存在的问题和不足；其次，概述基于 CDIO 的工程伦理融合教育教学模式，以明确其核心理念和目标；再次，分析基于 CDIO 的工程伦理教育模式的主要特点，以突出其在人才培养方面的优势；接着，探讨基于 CDIO 的融合式工程伦理教育教学模式的具体落实策略，以期为应用型高校提供可行的操作路径；最后，分析应用型高校的思想政治教育与工程伦理课融合的可能性与挑战，以期为应用型高校在工程伦理教育改革中提供思路。

◆ 第一节　目前国内高校工程伦理教育工作现状的调查分析

在当今社会，工程伦理教育的重要性日益凸显。随着科技的发展和工程领域的不断拓展，对于工程师们的伦理素养和道德观念提出了更高的要求。因此，对国内高校工程伦理教育的现状进行调查分析，以全面了解其发展情况和存在的问题，具有重要的理论和实践意义。清华大学的相关研究和论坛讨论强调了工程伦理教育的重要性。在"中国制造 2025"和"互联网+"等重大战略的推动下，中国的工业化水平快速提升，这使得工程伦理教育的缺失问题更加凸显。清华大学的研究指出，工程伦理教育的不足导致了工程伦理意识的严重缺失，从而在工程项目中引发了各种安全和质量问题。

在课程设置方面，针对国内高校工程伦理教育的课程设置情况，研究发现，尽管大多数高校都开设了工程伦理相关的课程，但在具体的课程内容设计上存在较大的差异。有些高校的工程伦理课程内容相对单一，缺乏系统性和深度，未能涵盖到工程实践中的实际问题。而另一些高校则更加注重将工程伦理教育融入到工程实践项目中，通过案例分析和实践活动来增强学生的伦理意识和道德素养。

在教学方法方面，国内高校普遍采用传统的课堂教学模式，缺乏创新性和针对性。虽然一些高校尝试引入案例教学、小组讨论等活动，但在整体上仍未形成一套系统的创新教学模式。由于工程伦理教育的特殊性，如何将道德理论与工程实践相结合，仍是一个亟待解决的问题。因此，有必要进一步探索适合工程伦理教育的创新教学方法，以提升教学效果。

在评估方式方面，大多数高校仍采用传统的考试评价方式，忽视了对学生综合能力和实践能力的评价。一些研究呼吁，应该建立多元化的评估体系，包括考核课堂参与度、论文报告、实践项目成果等多个方面，以更全面地评价学生的学习效果。这样的评估方式不仅能够更好地反映学生的综合能力，还能够促进学生的自主学习和实践能力的提升。

国内高校的实践中，湖北第二师范学院的研究指出，中国的工程伦理教育仍处于起步阶段，尚未在全国范围内全面推开。许多高校在注重学生专业理论知识培养的同时，忽视了工程伦理素养的提升。这种状况导致许多工科大学生在工程伦理方面意识淡薄，难以从伦理道德角度考虑工程建设中出现的各种社会和环境问题。一项针对全国五十余所理工科高校的调查分析了中国大学生工程伦理教育的现状，并提出了高校作为主体开展工程伦理教育的实践范式。这项研究识别出了中国大学生工程伦理教育面临的主要问题，包括认识问题、体制问题和教育培养问题，并针对这些问题提出了具体的改进措施。

国内高校工程伦理教育的现状呈现出一系列问题和挑战，这些问题既涉及教学资源的匮乏，也涉及教学方法的传统化，以及评估方式的单一性。首先，教学资源不足成为制约工程伦理教育发展的重要瓶颈。现有的工程伦理教育资源和教材不足以满足多样化和深度化的教学需求，导致高校在课程设置和教学内容方面显得相对单一。教学资源的匮乏不仅限制了工程伦理教育的广度和深度，还影响了教学质量和效果。其次，学生参与度不足也是当前工程伦理教育面临的一大挑战。由于工程伦理课程的理论性较强，缺乏足够的实践环节和案例分析，学生对课程的兴趣和参与度不高。在传统的课堂教学模式下，学生往往只是被动接受知识，缺乏主动思考和参与的机会，这对于培养学生的工程伦理意识和道德素养是不利的。此外，教学内容单一也是当前工程伦理教育亟待解决的问题之一。大多数高校仍然将工程伦理教育局限于传统的课堂教学，缺乏创新的教学手段和方法。工程伦理教育应当是一个融合性的、跨学科的教育过程，但在实际教学中，这一理念尚未得到充分体现。教师们需要不断创新教学内容和方法，将道德理论与工程实践相结合，提升教学的针对性和实效性。因此，当前工程伦理教育面临的问题与挑战是多方面的，需要高校教师和管理者共同努力，采取有效措施加以解决。只有这样，才能够推动工程伦理教育的全面发展，培养出具有良好伦理素养的工程技术人才，为社会的可持续发展贡献力量。

综上所述，国内高校工程伦理教育虽然取得了一定的进展，但仍存在诸多问题和挑战。为了促进工程伦理教育的全面发展，应该加强教学资源建设，创新教学方法，提升学生参与度，丰富教学内容，并建立多元化的评估体系。只有这样，才能更好地培养出具有良好伦理素养的工程技术人才，为社会的可持续发展做出更大的贡献。

◆◇ 第二节 基于 CDIO 的工程伦理融合教育教学模式概述

CDIO（Conceive，Design，Implement，Operate）是一个创新性的教育模式，其目的是培养下一代工程领域的领导者，并强调在构思—设计—实现—运行现实世界的系统和产品过程中来学习工程理论和加强工程实践，在高素质、创新型工程科技人才培养方面，体现了工程教育的系统思想、教育环境、培养模式和创新实践。本书借鉴产业融合理论，在实施 CDIO 工程教育的各个阶段可以将工程伦理教育的任务、目标、内容等进行融合教学实践，探究 CDIO 工程教育实施不同阶段中工程伦理教育的共生性、互补性与内生性三种主要融合模式。CDIO 工程教育模式是一种以学生为中心的工程教育方法，强调将工程实践能力作为培养目标。该模式的基本理念是通过项目驱动的学习，让学生在工程实践中学习解决问题的能力。首先，学生需要从问题的概念阶段开始，理解和界定问题；然后，通过设计阶段来规划解决方案；接着，实施阶段是将设计方案付诸实践的过程；最后，操作阶段是对实施结果进行评估和改进。CDIO 模式的核心是将工程教育从传统的知识传授转变为实践能力的培养，使学生具备面向未来工程挑战的能力和素养。图 6-1 是 CDIO 设计流程图。

构思阶段。明确课程目标：使学生理解工程伦理的基本概念、原则和重要性；培养学生识别和分析工程实践中伦理问题的能力；提高学生解决伦理冲突、制定伦理决策的能力。确定教学内容：工程伦理的基本理论框架；工程实践中的伦理问题案例分析；伦理决策的过程和方法；职业道德和职业责任的培养。设定教学方法：讲座式教学与互动讨论相结合；案例分析、角色扮演等实践活动；小组讨论和团队合作项目。

设计阶段。设计教学模块：工程伦理理论模块介绍工程伦理的基本概念、原则和理论体系；案例分析模块选取典型的工程伦理案例，引导学生分析和讨论；伦理决策模块教授伦理决策的步骤和方法，并通过模拟场景进行实践；职业道德模块强调职业道德的重要性，培养学生的职业责任感。制定教学计划：根据教学模块，合理安排教学进度和课时分配；设计每堂课的教学内容和活动，确保教学目标的实现；准备教学资源：编写或选择合适的教材、案例集和辅助资料；准备多媒体教学设备，如投影仪、音频设备等；安排实践活动所需的场地和器材。

实现阶段。开展教学活动：按照教学计划，组织讲座式教学和互动讨论；引导学生进行案例分析、角色扮演等实践活动；鼓励学生参与小组讨论和团队合作项目，培养团队协作能力。监控教学质量：定期收集学生的反馈意见，了解教学效果和学生的学习情况；调整教学方法和策略，以适应学生的学习需求。提供学习支持：设立课后答疑时间，解答学生在学习过程中遇到的问题；提供在线学习资源，方便学生自主学习和复习。

运行阶段。课程评估与反馈：设计课程评估问卷，收集学生对课程内容和教学方法的评价；分析评估结果，了解课程的优势和不足，为改进提供依据。持续改进：根据评估结果，调整教学内容和方法，优化教学设计；跟踪学生的学习进度和成果，提供个性化的指导和支持。拓展应用：鼓励学生将所学的工程伦理知识应用于实际工程实践中；与企业和行业组织合作，开展工程伦理培训和实践活动。

通过以上四个阶段的实施，可以有效地将 CDIO 模式应用于工程伦理教育中，培养学生的工程伦理意识和能力，为他们未来的职业生涯奠定坚实的基础。

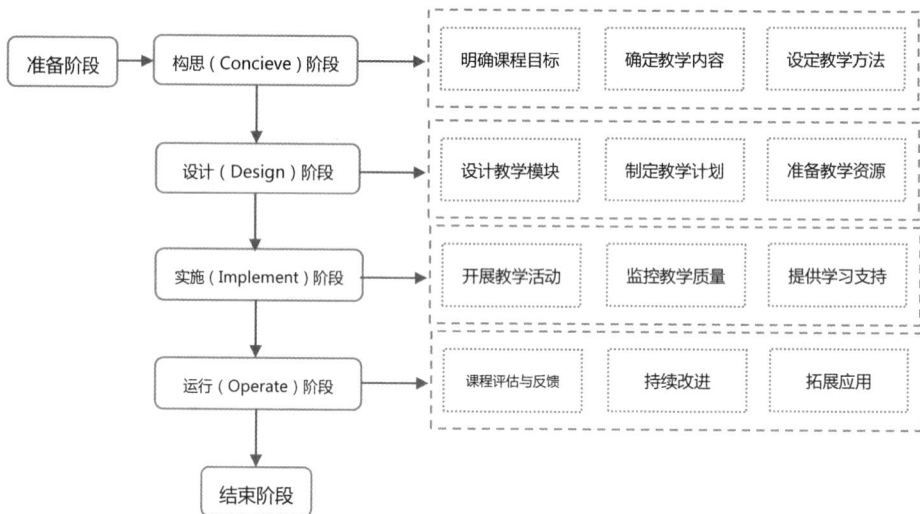

图 6-1 CDIO 设计流程图

融合教育是指将不同学科、不同领域的教育内容和教学方法有机地结合在一起，以提供更加综合和全面的教育体验。将工程伦理教育与 CDIO 模式相结合，意味着在工程教育中融入伦理道德教育的理念和内容。这种融合不仅可以弥补传统工程教育中伦理道德教育的不足，还能够培养学生的社会责任感、道德情操和专业素养，使他们成为既具备专业技能又具备良好伦理道德素养的工程技术人才。这种融合教育不仅有助于提升学生的综合素质，还有助于促进工程实践的可持续发展和社会的和谐进步。

设计基于 CDIO 的工程伦理融合教育教学模式需要遵循一系列原则，以确保教育目标的实现和教学效果的最大化。首先，教学模式应具有全面性，即既要兼顾工程技术的培养，又要注重伦理道德素养的培养，实现工程教育的全面发展。其次，教学模式应具有系统性，即要从课程设置、教学内容到评估方式，都要有机地结合工程和伦理教育的要求，形成一个完整的教学体系。最后，教学模式应具有实践性，即要通过项目实践、案例分析等方式，让学生在实际工程实践中感受和体验伦理道德的重要性，从而提升他们的伦理意识和道德素养。此外，教学模式还应具有针对性，即要根据不同学生的特点和需求，采用灵活多样的教学方法和手段，激发学生的学习兴趣和主动性。通过遵循这些设计原则，基于 CDIO 的工程伦理融合教育教学模式将更加科学有效地促进学生综合素质的提升，培养出更加符合社会需求的工程技术人才。

CDIO 这一模式强调将工程伦理教育与工程教育相结合，以提高工科专业学生的工程伦理素养和实际操作能力。

在中国，部分高校已经开始尝试将 CDIO 理念应用于工程伦理教育中。例如，北京交通大学、清华大学等高校已经在其工程教育改革中融入了 CDIO 模式。北京交通大学在其交通运输工程学科中应用 CDIO 模式，并取得了显著的成效。清华大学则通过举办相关讲座和论坛，探讨了 CDIO 模式在工程伦理教育中的应用，强调了创新在工程教育中的重要性。

CDIO 模式在国际上也有广泛的应用。例如，美国麻省理工学院（MIT）作为 CDIO 模式的创始机构之一，其在工程教育领域的改革受到了国际认可。MIT 的 CDIO 模式旨在培养学生在企业和社会环境下对产品系统进行构思、设计、实施、运行的综合能力，有效解决了工程教育中理论和实践脱节的问题。

总的来说，CDIO 模式在国内外高校中的应用显示出其在工程伦理教育方面的潜力。通过这种融合式教学模式，学生不仅能够学习到工程专业知识，还能提升其在工程实践中所需的人际交往能力、团队协作能力和伦理道德素养。这种模式对于培养具有全面能力的现代工程师具有重要意义。在现代社会，工程伦理教育已经成为工程教育的重要组成部分。结合 CDIO 模式的工程伦理融合教育教学模式，不仅能够满足工程教育的发展需求，还能够培养出具备良好伦理素养的工程技术人才，为社会的可持续发展和和谐进步贡献力量。

◆◆ 第三节　基于 CDIO 的工程伦理教育模式的主要特点

基于 CDIO 模式的工程伦理教育模式具有一系列显著特点，这些特点既体现了工程教育的实践性和创新性，又强调了伦理道德教育的重要性和紧迫性。旨在为学生提供全面的伦理教育，使其具备面对实际工程实践中的伦理挑战的能力。

一、综合性教学设计

基于 CDIO 模式的工程伦理教育教学模式的特点之一是综合性教学设计。这种设计将工程伦理教育融入到整个工程实践项目中，使学生在实践中不仅能够掌握工程技术知识和技能，还能够感知和思考伦理道德问题。例如，在一个工程设计项目中，学生不仅需要考虑技术实现的可行性和效果，还需要考虑项目可能带来的社会、环境和人文影响，从而在实践中培养出综合性的工程伦理素养。华北水利水电大学电子工程学院的研究显示，基于 CDIO 模式的工程教育理念能够有效地激发学生的学习兴趣，并提高他们解决实际复杂工程问题的能力。这项研究通过单片机课程的加油机综合工程项目，让学生通过构思、设计、实践、运行等环节来完成复杂工程项目设计。这种模式有助于学生创新思维的培养，并增强了解决实际工程问题的能力。

二、跨学科融合

基于 CDIO 模式的工程伦理教育模式还强调了跨学科融合的重要性。工程伦理教育不仅涉及工程学科本身，还需要借鉴社会学、心理学等其他学科的理论和方法。通过与其他学科的融合，可以提升学生对伦理问题的综合理解能力，使他们能够更全面地认识和应对工程实践中可能涉及的伦理挑战。例如，通过社会学的视角分析工程决策可能对社会结构和文化带来的影响，从而引导学生思考工程实践中的伦理责任和社会影响。

三、实践导向

基于 CDIO 的工程伦理教育模式注重实践导向，强调学生在实践中培养解决实际伦理问题的能力。通过项目实践、案例分析等方式，学生不仅能够从理论上了解伦理道德原则和规范，还能够在实践中面对具体的伦理挑战，从而提升他们的伦理意识和道德素养。例如，在工程实践项目中，学生可能会面临与利益相关者的冲突、资源分配的公平性等伦理问题，通过实践导向的教学方法，可以帮助学生理解和解决这些问题，培养他们的伦理判断和决策能力。北华航天工业学院建筑工程学院在道路桥梁与渡河工程专业的实践教学中引入了"EIP-CDIO"培养模式。通过重新梳理与整合实践性课程的内容和教学方法，并开设执业素养方面的新课程和专家讲座，将 EIP 要素渗透到实践教学的全过程中。这一体系的实施增强了学生的专业兴趣，改变了学习和生活态度，工程实践能力有了较大的提升。汕头大学在 CDIO 的基础上，提出了建立以设计为导向的 EIP-CDIO 培养模式，特别注重学生道德、诚信和职业素质的培养。这种模式强调做人与做事相结合，做人通过做事体现，做事通过做人保证，并在培养过程中注重人文精神的熏陶，使所培养的工程师具备优秀的职业道德、正直、富有责任感。

四、培养创新精神

基于 CDIO 的工程伦理教育模式注重培养学生的创新精神。在工程实践项目中，学生不仅需要解决技术上的问题，还需要思考如何在遵守伦理规范的前提下提出创新性的解决方案。教师可以通过激发学生的好奇心、鼓励他们尝试新思路和方法，以及提供创新性的项目任务和挑战，来培养学生的创新意识和能力。这种培养创新精神的教育模式有助于学生发展独立思考和创造性解决问题的能力，为他们未来的工程实践打下坚实基础。

五、基于实际案例的教学

基于 CDIO 的工程伦理教育模式倡导基于实际案例的教学。通过引入真实的工程案例，让学生在实践中直接面对伦理挑战和问题，从而更加深入地理解和思考伦理道德的重要性。在这种教学模式下，教师可以选择一些典型的工程案例，如工程安全事故、环境污染事件等，引导学生分析案例背后涉及的伦理问题，并讨论可能的解决方案和应对策略。通过分析实际案例，学生可以从中汲取经验教训，提升他们解决实际伦理问题的能力，同时增强他们对伦理问题的认识和敏感度。

六、强调团队合作

基于 CDIO 的工程伦理教育模式强调团队合作。在工程实践项目中，学生往往需要与团队成员共同合作，共同面对和解决伦理问题。教师可以通过组织团队活动、安排团队任务、培养团队精神等方式，促进学生之间的合作和交流。团队合作不仅能够让学生学会倾听他人的意见、尊重他人的观点，还可以培养他们的团队合作和沟通能力。在团队合作的过程中，学生可以学会有效地与他人合作，共同解决复杂的伦理问题，从而提升整个团队的综合素质。

综上所述，基于 CDIO 的工程伦理教育模式具有综合性教学设计、跨学科融合和实践导向、培养创新精神、基于实际案例的教学以及强调团队合作等主要特点，为学生提供了全面的伦理教育，使他们具备面对实际工程实践中的伦理挑战的能力。这种教育模式不仅有助于学生提升伦理意识和道德素养，还能够培养其创新思维和团队合作能力，为他们未来的工程实践奠定坚实基础。

◆◇ 第四节 基于 CDIO 融合式工程伦理教育教学模式的具体落实策略

在基于 CDIO 理念的工程伦理教育教学模式中，实施具体的落实策略至关重要。以下是针对课程设计与开发、教学资源建设以及教学团队建设的具体策略。

一、教学目标与课程设置

在基于 CDIO（构思—设计—实现—运作）的工程伦理融合教育教学模式中，教学目标与课程设置的设定至关重要，它们共同构成了该模式的核心框架。

1. 教学目标明确化

在 CDIO 模式下，工程伦理教育的目标不仅限于理论知识的传授，更注重学生实践能力的培养。

识别工程实践中的伦理问题：学生应能够敏锐地识别出工程项目中可能涉及的伦理问题，如数据隐私泄露、安全风险、环境影响等。这需要学生具备深厚的伦理理论知识和敏锐的伦理意识。

提升伦理决策能力：在面对复杂的工程伦理问题时，学生应能够运用所学的伦理知识和分析工具，进行深入的伦理分析，并做出符合伦理规范的选择。这要求学生具备独立思考和批判性思维的能力。

培养伦理责任感：学生应认识到自己在工程项目中承担的伦理责任，并始终将伦理规范作为自己的行为准则。这有助于学生形成正确的价值观和道德观。

2. 课程设置细化

为了实现上述教学目标，课程设置应紧密围绕 CDIO 模式的四个阶段进行细化。

（1）在"构思"阶段课程中，教师应引导学生对工程项目进行全面的分析和评估，包括潜在的伦理风险。通过案例分析和小组讨论等方式，让学生深入理解伦理问题在工程项目中的重要性和复杂性。

（2）在"设计"阶段相关课程中，教师应引入伦理评估工具和方法，如伦理检查表、伦理风险评估框架等。学生应学会运用这些工具对设计方案进行伦理评估，确保设计符合伦理标准和要求。此外，教师还可以引导学生探讨如何在设计中体现人文关怀和可持续发展理念。

（3）在"实现"阶段课程中，教师应强调现场实践中的伦理行为规范和应急伦理决策流程。学生应了解并遵守相关的职业道德规范和法律法规，确保在工程实践中始终遵循伦理原则。同时，学生还应学会在紧急情况下进行快速、准确的伦理决策，以保障人员和财产的安全。

（4）在"运作"阶段课程中，教师应关注工程项目的长期影响和社会责任。学生应了解工程项目的运行和维护过程中可能产生的伦理问题，并学会制定相应的应对措施。此外，学生还应关注工程项目的社会影响和环境影响，积极履行社会责任和义务。

二、教学方法与实践活动的深入阐述

在基于 CDIO 模式的工程伦理融合教育教学模式中，教学方法与实践活动的选择和设计至关重要。这些活动不仅有助于学生深化对工程伦理的理解，还能提升他们的实际操作能力和伦理决策水平。以下是对教学方法与实践活动的详细阐述。

1. 伦理案例分析

伦理案例分析是工程伦理教育中的重要环节，它能够使学生直观地了解工程实践中可能遇到的伦理问题。在选择案例时，应注重其真实性、代表性和时效性，以确保案例能够反映当前工程领域的热点问题。例如，可以选取近年来发生的某智能产品的隐私泄露事件作为案例，通过深入剖析事件的来龙去脉、涉及的伦理问题以及各方的责任与义务，引导学生思考如何在工程中保护用户隐私和数据安全。

在教学过程中，可以采用角色扮演的方式，让学生分别扮演不同的利益相关者（如消费者、企业、政府等），从各自的角度思考伦理问题，并提出解决方案。这种教学方法能够帮助学生理解不同利益群体之间的利益冲突和伦理困境，培养他们的同理心和批判性思维能力。同时，还可以组织学生进行小组讨论或辩论，让他们在交流中碰撞思想、激发灵感，共同寻找最佳解决方案。

2. 模拟决策游戏

模拟决策游戏是一种生动有趣的教学方法，它能够让学生在模拟环境中锻炼伦理决策和资源分配的能力。在设计模拟决策游戏时，应紧密结合工程伦理的主题和知识点，确保游戏能够真实反映工程实践中的伦理问题和挑战。例如，可以设计一个关于工程项目风险管理的模拟决策游戏，让学生在游戏中扮演项目经理或工程师的角色，面对各种伦理困境和资源限制，进行决策和规划。

通过模拟决策游戏，学生能够在实践中学习和应用伦理知识和决策技巧。他们可以学会如何在有限的信息和资源条件下进行快速、准确的决策，如何在冲突和压力下保持冷静和理智，以及如何在追求经济效益的同时兼顾社会和环境责任。此外，模拟决策游戏还能够帮助学生积累宝贵的实践经验，为未来的职业生涯打下坚实的基础。

3. 企业实地伦理研讨

企业实地伦理研讨是一种将理论与实践相结合的教学方法，它能够让学生深入了解实际工程操作中的伦理行为。在安排学生访问工程项目现场时，应注重选择具有代表性的企业和项目，确保学生能够观察到不同领域和类型的工程实践。在实地考察中，学生应记录实际工程操作中的伦理行为，包括企业如何遵守法律法规、保障员工权益、保护环境和社区利益等。

除了观察记录外，还应组织学生与工程人员面对面交流。在交流中，学生可以了解工程人员在实际工作中如何处理和平衡伦理问题，以及他们面临的伦理困境和挑战。这种交流不仅能够让学生深入了解实际工程操作的复杂性和多样性，还能够培养他们的沟通能力和协作精神。同时，企业实地伦理研讨还能够为学生提供与业界专家直接互动的机会，让他们了解行业最新动态和发展趋势，为未来的职业规划提供参考。

三、评价体系与反馈机制的深入构建

在工程伦理教育中，完善且科学的评价体系与反馈机制对于确保教育质量、促进学生全面发展至关重要。以下是对评价体系与反馈机制的详细阐述和补充。

1. 具体的评价指标

为确保评价的全面性和客观性，需要制定一系列具体且明确的评价指标。这些指标应涵盖伦理知识掌握、伦理问题分析能力以及伦理决策能力等多个方面。

在伦理知识掌握上，通过测试学生对工程伦理基本概念、原则和理论的掌握程度，评估其伦理知识体系的完整性。

在伦理问题分析能力上，考查学生是否能够准确识别工程实践中的伦理问题，理解其背后的伦理原则，以及运用相关理论分析问题的能力。

在伦理决策能力上，评估学生在面对复杂的伦理问题时，是否能够运用所学的伦理知识和分析工具，进行深入的伦理分析，并做出符合伦理规范的选择。

2. 多元化的评价方式

为确保评价方式的多样性和公正性，需要采用多种评价方式，包括书面案例分析报告、课堂讨论参与度、模拟决策游戏表现等。

书面案例分析报告形式要求学生针对特定的工程伦理案例进行深入剖析，提出自己的见解和解决方案。通过评估报告的深度、逻辑性和创新性，可以全面了解学生的伦理素养和分析能力。课堂讨论参与度形式通过观察学生在课堂讨论中的表现，评估其对于伦理问题的思考深度、表达能力和合作精神。同时，课堂讨论还能促进学生之间的交流和互动，有助于培养他们的批判性思维和沟通能力。模拟决策游戏表现形式在模拟决策游戏中，学生需要扮演不同的角色，在模拟环境中进行伦理决策。通过评估学生在游戏中的表现，可以了解其在面对实际伦理问题时的决策能力和应对策略。

此外，还应引入同行评审机制，让学生之间互相评价在团队合作中表现出的伦理意识和行为。这种评价方式能够更加真实地反映学生在实际工作中的伦理素养和团队协作能力。

3. 及时反馈与调整

为了确保教育过程的动态性和适应性，需要建立及时反馈与调整机制。

教师应定期对学生的伦理素养进行评价，并给出具体的反馈意见。这些反馈意见应指出学生在伦理方面的优点和改进空间，帮助他们明确自己的发展方向。同时，教师还应关注团队的整体表现，对团队在伦理方面的优点和不足进行点评，促进团队之间的互相学习和共同进步。教师应密切关注学生的学习情况和反馈意见，根据他们的需求和表现灵活调整教学内容和方法。例如，针对学生在某些伦理问题上存在的困惑或误解，教师可以组织专题讨论或提供额外的辅导材料；针对学生在团队合作中表现出的不足，教师可以加强团队合作训练或引入新的教学方法来提升学生的团队协作能力。

总之，完善且科学的评价体系与反馈机制对于确保工程伦理教育的质量至关重要。通过制定具体的评价指标、采用多元化的评价方式以及建立及时反馈与调整机制，可以更加全面、客观地评估学生的伦理素养和发展潜力，为他们未来的职业生涯奠定坚实的基础。

四、教学资源与支持：专业发展与教学材料创新

在工程伦理教育中，教学资源与支持是保证教学质量和推动教育创新的关键因素。

1. 专业教师培训

在工程伦理教育中，教师的专业素养和教学能力直接影响着学生的学习效果和伦理素养的培养。因此，加强专业教师的培训至关重要。

持续的伦理教育培训。为确保工程专业教师具备教授工程伦理的能力，应定期组织他们参加伦理教育培训。这些培训应涵盖工程伦理的基本理论、实践案例、教学方法等方面的内容，使教师能够不断更新自己的知识体系，提高教学水平。

学术交流与合作。鼓励教师参与国内外的学术交流与合作，了解工程伦理领域的最新研究成果和发展趋势。通过与其他专家和学者的交流，教师可以拓宽视野，借鉴先进的教学方法和经验，为教学注入新的活力。

2. 教学材料开发

教学材料是教学过程中的重要支撑，对于培养学生的伦理素养具有至关重要的作用。因此，开发高质量的教学材料是工程伦理教育的重要任务。

融入 CDIO 理念的工程伦理教学案例和教材。编写和更新符合 CDIO 理念的工程伦理教学案例和教材，是教学材料开发的重要方向。这些案例和教材应紧密结合工程实践，体现构思、设计、实现和运作四个阶段的伦理要求，帮助学生更好地理解工程伦理的内涵和应用。同时，案例和教材应具有启发性和实践性，能够激发学生的学习兴趣和参与度。

多媒体和网络资源的利用。随着信息技术的不断发展，多媒体和网络资源在教学中的应用越来越广泛。在工程伦理教育中，可以利用多媒体和网络资源，如在线伦理课程、互动模拟软件等，来增强学生的学习兴趣和参与度。这些资源可以为学生提供更加丰富多样的学习体验，帮助他们更加深入地理解工程伦理的知识和技能要求。

总之，教学资源与支持是工程伦理教育的重要保障。通过加强专业教师的培训、开发高质量的教学材料以及充分利用多媒体和网络资源等方式，可以为学生提供更加优质、全面的工程伦理教育，促进他们全面发展并具备高度的伦理素养。

◆◇ 第五节　应用型高校的思想政治教育与工程伦理课融合

在当今社会，工程技术的发展对社会经济和人类生活产生着深远的影响，因此工程伦理教育的重要性日益凸显。不能单一地强调技术知识和专业技能的培养，忽视了思想政治教育在工程人员素养培养中的重要作用。应用型高校作为培养应用型、复合型技术人才的重要阵地，如何将思想政治教育与工程伦理课程融合起来，既是当务之急，也是当前工程人才培养模式的创新和发展方向。

一、大学生思想政治教育的内容与目标

作为我党的优良传统和政治基石，思想政治教育不仅是社会主义精神文明建设的核心工程，更是当前教育体系中不可或缺的一环。党中央始终将思想政治教育工作置于重要位置，其中，大学生思想政治教育工作尤为关键。为了进一步加强和改进这一工作，中共中央、国务院于 2024 年颁布了《关于新时代加强和改进思想政治工作的意见》（以下简称《意见》）。

《意见》指出，思想政治工作是党的优良传统、鲜明特色和突出政治优势，是一切工作的生命线。加强和改进思想政治工作，事关党的前途命运，事关国家长治久安，事关民族凝聚力和向心力。《意见》包括总体要求、把思想政治工作作为治党治国的重要方式、深入开展思想政治教育、提升基层思想政治工作质量和水平、推动新时代思想政治工作守正创新发展、构建共同推进思

想政治工作的大格局六个部分。

《意见》指出，党的十八大以来，以习近平同志为核心的党中央高度重视思想政治工作，采取一系列重大举措切实加以推进，思想政治工作有效发挥了统一思想、凝聚共识、鼓舞斗志、团结奋斗的重要作用，全党全社会思想上的团结统一更加巩固，我国意识形态领域形势发生了全局性、根本性的转变。

二、大学生工程伦理教育与思想政治教育的深度融合

在构建一个人的整体素质时，伦理道德素质和职业道德素质占据了举足轻重的地位。从大学生思想政治教育的内容和目标来看，其内在地涵盖了职业道德教育和诚信教育等关键领域。对于理工科大学生这一未来工程活动的主要参与者而言，他们不仅需要具备扎实的专业知识，更需要在未来的工程实践中展现出高尚的道德价值意识、准确的道德评价能力和强烈的社会责任感。

大学生工程伦理教育正是为了培养这些未来工程师在职业道德和伦理道德方面的素养，确保他们在工程活动中能够做出正确的伦理道德选择。这种教育理念与思想政治教育的目标高度契合，都致力于塑造全面发展的社会人才。

为实现思想政治教育的实际成效，特别是在工科专业大学生这一重要群体中，必须着重提高他们的伦理道德水平和素养。这不仅是我国思想教育工作者的重要任务，也是确保未来工程师能够承担起社会责任、推动社会进步的关键所在。因此，大学生工程伦理教育与思想政治教育的深度融合，对于培养德才兼备的未来工程师具有重要意义。

三、大学生工程伦理教育：思想政治教育的深化与拓展

在深入贯彻中共中央相关文件精神的座谈会上，教育部原部长周济强调，坚持党的教育方针，致力于人民满意的教育事业，必须将德育置于首要地位，遵循"稳固基础、深化内涵、提升质量、创新发展"的策略，坚持以学生为中心，旨在培育有理想、有道德、守纪律、具文化的新时代青年。基于此，我国高等教育体系需将思想政治教育置于核心位置，同时积极探索人性化、主体化、多元化和自主化的发展路径，全面推动思想政治教育的革新，以提升大学生的思想政治素质。

面对当前高校思想政治教育的新形势，需将思想政治教育与专业伦理教育紧密结合，拓宽教育的途径，确保思想政治教育贯穿于大学生的整个学习生

涯，这既符合思想政治教育人性化、多元化的发展趋势，也是其内在要求的体现。将工程伦理教育纳入理工科大学生的思想政治教育工作中，不仅是思想政治教育导向性和渗透性功能的生动展现，更是对其深化与拓展的重要实践。通过大学生工程伦理教育，能够以正确的舆论导向引领未来的工程活动主体，确保他们落实科学发展观，实现可持续发展，并始终把公众的安全、健康与福祉放在首位，这充分体现了思想政治教育的导向作用。同时，将工程伦理教育观念融入思想政治教育领域，紧密结合理工科大学生的专业学习与日常生活，开展广泛而深入的宣传教育活动，也彰显了思想政治教育的渗透力。

四、大学生工程伦理教育：思想政治教育的新路径探索

在当今价值观念日益多元化的社会背景下，对大学生的道德品质和道德行为进行有效的引导和规范显得尤为重要。随着时代的变迁，思想政治教育的内容和方法也面临着新的挑战和更高的标准。结合当前高校思想政治教育改革的各项要求，为提升大学生思想政治教育的实效性和吸引力，将专业教育与思想政治教育相结合就成为了一条富有成效且充满活力的新路径。

那么，如何实现专业教育与思想政治教育的有效结合呢？关键在于建立两者之间的桥梁，实现相互贯通与融合。专业伦理教育正是这座桥梁的重要组成部分，它涉及多学科的交叉融合，在专业知识学习的基础上或在特定专业背景下进行伦理教育。对于理工科大学生而言，工程伦理教育便成为了一种具体而有效的形式。

理工科高校通过开展大学生工程伦理教育，能够构建专业伦理教育、工程伦理教育与思想政治教育的互动模式。这一模式不仅进一步拓展了大学生思想政治教育的方法和途径，而且使思想政治教育更加具有针对性和实效性。通过这一模式，能够更有效地引导大学生树立正确的道德观念，培养他们的道德责任感和职业道德素养，从而为社会培养更多德才兼备的优秀人才。

本章小结

本章系统地探讨了基于 CDIO 的工程伦理教育融合教育模式。在这一章中，首先介绍了 CDIO 工程教育模式的基本理念和主要内容，然后分析了工程伦理教育在高等教育中的重要性及存在的问题，接着阐述了如何将 CDIO 与工

程伦理教育有机融合，探讨了案例分析与实践经验，并最终总结出基于CDIO的工程伦理教育融合教育模式的特点、优势以及未来发展方向。

综合性与全面性。CDIO工程教育模式注重培养学生的综合能力，而工程伦理教育则是其中的重要组成部分。通过将工程伦理纳入CDIO教育模式，可以使学生在学习专业技能的同时，培养其道德情操和社会责任感，从而成为全面发展的工程技术人才。这种综合性的培养能够更好地满足社会对于工程人才的需求，使其不仅具备技术能力，还具备良好的道德素养和社会责任感。

实践导向与问题驱动。CDIO强调学以致用，注重学生在实际工程项目中的应用能力的培养。工程伦理教育融合CDIO模式，通过实际案例和问题驱动的教学方法，使学生能够在解决实际工程问题的过程中，深入思考伦理道德问题，培养其解决实际问题的能力同时注重道德选择。这种实践导向的教学模式使学生能够更好地将理论知识应用于实际工程项目中，同时注重伦理道德的培养，培养学生的创新能力和社会责任感。

跨学科与综合性。CDIO模式鼓励不同学科之间的融合与协作，而工程伦理教育涉及多个学科领域的知识和理念。通过将工程伦理教育融入CDIO模式，可以为学生提供更加全面和多元化的视角，加深对伦理道德问题的理解。这种跨学科的综合性培养能够帮助学生更好地理解和应对复杂的伦理道德问题，从而更好地适应未来工程领域的发展需求。

案例教学与实践活动。基于CDIO的工程伦理教育模式注重案例教学和实践活动的开展。通过具体案例的分析和实际项目的参与，学生能够更加直观地理解伦理道德理念，并将其应用于实际工程项目中。这种实践性的教学活动能够提高学生的学习兴趣和参与度，同时加深对伦理道德问题的理解和应用能力。

培养创新意识与社会责任感。CDIO模式强调培养学生的创新能力和社会责任感，而工程伦理教育则能够帮助学生树立正确的价值观，培养社会责任感。通过将工程伦理教育融入CDIO模式，可以使学生在工程实践中注重社会效益和伦理规范，积极参与社会发展和创新实践。这种培养方式能够使学生具备良好的社会责任感和创新意识，从而更好地适应未来工程领域的发展需求。

综上所述，基于CDIO的工程伦理教育融合教育模式具有很强的可操作性和实践性，能够有效地促进学生的全面发展，培养具有良好道德品质和创新能力的工程技术人才。

尽管基于 CDIO 的工程伦理教育融合教育模式已经取得了一定的成就，但仍然存在一些问题和亟待解决的挑战。未来，需要进一步研究和完善以下方面。

课程设计与内容完善：需要进一步完善基于 CDIO 的工程伦理教育课程设计和内容设置，结合工程实践的特点和学生的实际需求，设计出更加贴近实际的教学内容和案例，提高学生学习的兴趣和参与度。

教学方法与手段创新：需要不断探索和创新适合基于 CDIO 模式的工程伦理教育教学方法和手段，设计出更加生动、直观的教学活动和教学环境，提高教学效果和学习体验。

师资队伍建设与培训：需要加强教师队伍的建设和培训工作，提高教师的专业水平和教学能力，使其能够更好地指导和引导学生进行基于 CDIO 的工程伦理教育，营造良好的教育氛围和学习环境。

评价体系与质量保障：需要建立健全基于 CDIO 的工程伦理教育评价体系和质量保障机制，设计出科学合理的评价方法和标准，全面评价学生的综合能力和道德品质，确保教育质量和教学效果。

国际交流与合作：需要加强国际交流与合作，借鉴和吸收国际先进的教育理念和经验，拓展基于 CDIO 的工程伦理教育的国际视野和影响力，提高我国工程教育的国际竞争力和影响力。

通过进一步研究和完善上述问题和方向，基于 CDIO 的工程伦理教育融合教育模式将能够更好地发挥其在工程教育中的重要作用，为培养高素质工程技术人才做出更大的贡献。

第七章 新工科建设背景下应用型高校的工程伦理教育的保障措施

2024年1月19日，在"国家工程师奖"首次评选表彰之际，习近平总书记作出重要指示强调，"工程师是推动工程科技造福人类、创造未来的重要力量，是国家战略人才力量的重要组成部分。"面向未来，要进一步加大工程技术人才自主培养力度，加快建设规模宏大的卓越工程师队伍。随着工业4.0时代的到来和人工智能、大数据、云计算等技术的迅猛发展，新工科建设已成为高等教育改革的重要方向。工程伦理教育作为工程教育的核心组成部分，对于培养德才兼备的工程技术人才具有不可或缺的作用。在新工科建设的大背景下，如何在应用型高校中加强工程伦理教育，确保未来工程师能够在面对伦理挑战时做出合理决策，是需要深入探讨的问题。

本章旨在深入探讨新工科建设背景下应用型高校的工程伦理教育的保障措施，并重点分析应用型实践教学教师队伍的建设及实践教学管理运行机制的改革与完善。这两个方面是工程伦理教育质量保障的关键，也是实现工程伦理教育可持续发展的基础。

本章的最终目的是为应用型高校的工程伦理教育提供一套完整的保障措施，以促进学生全面发展，培养其成为社会负责任的工程师。通过对上述关键要素的深入分析，为高等教育工程伦理教育的改革和发展提供理论支持和实践指导。

◆◆ 第一节 应用型实践教学教师队伍建设

一、应用型实践教学教师队伍建设背景

在当前世界范围内，新一轮科技革命和产业变革正在迅猛而有力地发展。

面对这种汹涌之势，我国的经济发展正进入新常态，高等教育也走进了新的阶段。为适应时代潮流，积极应对挑战，我国高等教育界正在着力构建"新工科"。"新工科"建设旨在立足当前、面向未来，是回应时代大势的重要举措。通过持续发展"复旦共识""天大行动""北京指南"，"新工科"建设在"卓越计划"的工程教育改革基础上进行升级（也称为 2.0 版）。其核心目标是满足产业需求并带领未来发展。"新工科"建设将工程教育改革扩展到多学科交叉领域，提升至国家战略和未来发展的高度。其最终目标是推动"世界一流大学和一流学科"建设，侧重于人才培养。该计划致力于培养具备面向未来、面向世界、创新精神和综合工程实践能力、跨界整合能力的杰出工程人才和领袖人才。通过提供人才保障，"新工科"建设旨在加快工程教育改革创新，抓住新技术创新和新产业发展机遇，推动我国高等教育改革，加快我国成为高等教育强国的进程，以形成具有国际影响力的工程教育体系。

在数字化和智能化的工业 4.0 时代背景下，大数据、人工智能、物联网和云计算等前沿技术正以前所未有的速度迅猛发展，它们正在深刻地重塑着制造业的生产方式和企业的运营模式。这些技术的集成应用，为生产效率的大幅提升、产品创新能力的加强以及产业结构的深度调整提供了强大动力。为推动新工科建设，适应这一时代潮流的全面可靠且充满创新性的工程技术人才教学实践培养模式成为教育改革的必经之路。

在此背景下，教育理念必须与时俱进，满足产业界对学生培养的"21 世纪技能"的需求，如批判性思维、创新能力、跨学科知识应用和团队合作能力等。对此，不仅要培养学生的理论知识和技术技能，更要致力于塑造他们的创新精神和创新实践能力。创新人才应该是全面发展的人才，其综合能力为创新的基础。他们应能主动探索、敢于实验、勇于承担风险，并具备解决复杂问题的能力。

实践教学是提高应用型人才培养质量的关键环节，需要建设一支能够胜任实践教学的教师队伍。在应用型人才培养的过程中，学生不仅需要掌握系统的理论知识，还需要加强职业能力的训练。传统的以理论教学为主的教学模式难以满足应用型人才培养对教学的要求，因此加强实践教学成为提高应用型人才培养质量的重要环节。为了实现这个目标，需要明确从事实践教学的教师在教学中的角色定位，并弄清从事实践教学的教师应该具备的能力，以此建设一支专门从事实践教学的教师队伍。为了提高实践教学的效果，教师需要充当指导者、引导者和激励者的角色。作为指导者，教师需要帮助学生理解实践活动的背景和目的，并指导他们进行实践操作。教师还需要发挥引导者的作用，帮助学生分析和解决实践中遇到的问题，并引导他们学习如何将理论知识应用到实践中。另外，教师还应该扮演激励者的角色，激发学生的兴趣和动力，使他们更加投入到实践教学中。从事实践教学的教师应该具备扎实的理论知识和丰富的实践经验。他们需要不断更新自己的知识和技能，深入了解行业的最新动态和实践需求，以便更好地指导学生进行实践活动。此外，教师还应具备良好的沟通能力和团队合作精神，能够与学生和其他教师进行有效的交流和合作，共同推进实践教学的发展。为了建设一支专门从事实践教学的教师队伍，学校应该加强对教师的培训和指导，提供必要的资源和支持，让教师能够更好地适应实践教学的要求。此外，学校还应该建立健全评价体系，对教师在实践教学中的表现进行评估和奖惩，以激励和引导其提高教学水平。

总的来说，新工科建设下的应用型实践教学教师队伍建设，需要重视理论与实践的结合，强化教师的工程实践能力，同时推进产学研的深度融合，以培养适应现代社会需求的高素质工程技术人才。

二、应用型实践教学教师队伍建设现状

应用型高校以培养地方经济社会发展所需的高级应用型人才为己任，强调学与用的有机结合，注重学生职业素质的培养、专业实践能力和创新能力的培养，以促进新理论、新技术广泛渗透、应用于生产和生活。因此，实践教学在应用型人才培养过程中占据重要地位。实践教学作为一种教学形式在教育的发展中起着关键作用。然而，在我国普及教育及教育大众化的社会环境下，理论教学作为知识传递的有效方式被过分强调，而实践教学没有得到充分的重视。相比之下，德国、加拿大、英国等国家早已建立了一套相对完备的实践教学体系。这些国家的大学教学以传统理论知识为基础，同时注重全面的职业训练，以培养学生具备独立从事职业活动的能力。这些国家的高校不再以传统的"知识本位"模式为出发点，而是根据学生未来职业的需求来设置课程和制定教学计划，以此确保学生毕业后具备较高的实践能力。为了适应社会发展需求，我国应用型高校应加强对实践教学的重视。这可以通过提供更多的实践机会，如实习、实训等来培养学生的实践能力。同时，应注重实践教学与理论教学的有机融合，使学生在理论学习的基础上能够进行实践探索和创新。此外，应用型

高校还应与社会产业密切配合，与企业、政府等合作，共同开展实践教学项目，以确保学生在实践中能够获得真实的职业经验和技能。总之，实践教学在应用型人才培养中具有重要意义。以下是我国应用型实践教学教师队伍建设现状。

1. 内容形式陈旧，教材与时代脱钩

近年来，新技术如人工智能和物联网以及数字化的快速发展，使得第四次工业革命的影响变得前所未有的巨大、广泛并深刻。在这种情况下，过程装备与控制工程领域的本科教育教学在"慢变量"和"滞后性"方面表现出了明显特点。①教材内容陈旧。在"新工科"背景下，仅仅传授陈旧的基本理论知识，很难实现学科导向向产业需求导向的转变。难以将被动适应变成主动支撑引领，从而无法满足培养与社会需求紧密结合的"新工科"人才培养要求。②教学形式繁杂抽象，晦涩难懂。以论证、推理和演算为主导的教学形式导致学生的学习过程乏味无趣，教育重心失衡，无法准确传达课程的核心思想与精华。尽管目前国内外教学网站上存在大量教学资源，但无法与课本教程实现有机结合。

2. 培养模式单一，理论与实践脱节

"新工科"建设明确指出，实践能力是"新工科"人才必须具备的基本能力之一。然而，传统的授课填鸭式教学和千篇一律的考核方式限制了学生的发展，使他们被动地接受知识、按部就班地准备考试，从而导致个性化发展和多维度能力的培养受到了严重的阻碍。与此同时，在创新创业型大学中，人才培养、知识创新和科技成果转化等活动更为复杂且具有交互性，需要跨越多种维度的反馈环。然而，当代大学生在单一培养模式下所具备的知识体系相似且缺乏个人能力的突出特点，加上理论性强而实践能力弱的普遍问题，导致他们在步入社会后面对复杂工程问题时无法直接与社会接轨，只能停留在纸上谈兵的层面。

对于目前过程装备与控制工程专业的教学培养模式与实践环节的问题，主要受以下因素的影响。首先，个性化培养受限于硬件条件的不足。在大班授课教学模式下，由于实验平台搭建的费用高昂，受限于与课程相关的实验室和仪器设备等硬件条件，很难实现每个学生都能有适合自己的实验平台，从而无法实现个性化培养的目标。其次，实验平台难以与时俱进。技术发展具有更新换代快的特点，而与理论课程相辅相成的实践验证平台需要经过设计、试运行和完善的过程，这常常造成其很难紧跟领域发展前沿，无法贴合市场需求的动态发展。因此，为了培养新工科人才，需要充分借助企业和社会的力量。

3. 创新锻炼不足，跨界交叉融合少

创新决定未来的发展，改革关乎国家的命运。新工业革命正在加速进行中，因此新工科的建设势在必行。相较于传统工科，"新工科"更加注重学科之间的交叉性与综合性。尽管各高校也希望通过组织各类科研实践活动来培养大学生的创新意识和创造精神，但由于受传统教育理念的制约，大学生群体在科研实践活动中普遍缺少怀疑精神，缺乏独立思考的能力，习惯于被动接受和服从于教师指导，因而创新意识和创新精神不足。高等教育应将超前发展和主动创新作为其基本特征。否则，高等教育所培养的人将是与时代发展脱节的人。因此，应充分挖掘、整合和利用高校已有的教学资源，打破学科专业之间的壁垒，重视跨学科平台的建设，有序地培养宽口径、扎实基础、具备创新和实践能力的复合型人才。积极变革和创新融合是高等教育的本质特征，也是其存在和发展的生命线。应该消除学科之间的隔阂和壁垒，积极推动跨学科的交叉渗透，采用新的思维模式、新的知识内容、新的评价标准和新的教学方法，实现从被动适应到主动支持和引领的转变。

4. 师生情感淡漠，压抑了培养氛围

在工程人才培养的过程中，教师和学生是两个不可分割的核心。他们是知识的传递者与接受者，是智慧的启发者与探索者，是未来的塑造者与实现者。然而，随着我国高等工程教育从昔日的"精英教育"向"大众教育"的宏伟转变，师生关系也经历着深刻的重塑，展现出一系列新的面貌和特征。这些特征不仅仅局限于教育领域的内在变化，更广泛地涵盖了复杂的社会经济、政治道德等多重因素。

首先，随着高等教育的普及化，高校招生规模的不断扩大，教学资源变得日益紧张，师生比例的失衡成为了一个不争的事实。曾经的小班授课、个别指导逐渐被成百上千人的大课堂所取代，师生之间的接触和沟通机会大幅减少。教师难以深入了解每名学生的个性、需求和潜能，难以实施因材施教的教学策略，导致师生间的互动变得冷漠和机械。

其次，随着校园文化与社会文化的交流同化加速，师生之间的界限变得模糊，但同时也存在一种相互排斥的离心力。在价值多元、信息爆炸的时代背景下，师生之间的沟通和理解面临着前所未有的挑战。功利主义和实用主义的盛行，甚至导致了轻视道德、追求短期利益的行为模式，这无疑给师生之间的有效沟通和深度交流设置了重重障碍。

因此，面对这些挑战，需要重新审视和构建新型的师生关系，寻求在大众教育背景下，如何保持师生之间的紧密联系，如何促进师生之间的有效沟通，如何营造一种既开放包容又尊重个性的校园文化。这不仅是教育改革的需要，更是培养适应未来社会发展的优秀工程人才的需要。

综上所述，要解决这些问题，需要从多个层面入手，包括更新教学内容、改革教学形式、多元化培养模式、强化创新锻炼和改善师生关系。这些措施相互关联，共同推动工程教育的质量提升，以适应新工科建设的实际需求。

三、应用型实践教学教师队伍建设理论依据

1. 建构主义学习理论

建构主义学习理论认为学习是一个主动建构的过程，学习者通过与环境的互动，主动构建自己的知识体系。在应用型实践教学中，教师队伍的建设应该注重培养教师的教学能力和实践能力，使其能够有效地引导学生进行实践操作和问题解决，从而促进学生的主动建构和知识体系的形成。

2. 情境学习理论

情境学习理论强调学习者通过与真实或模拟情境的互动，获取知识和技能。在应用型实践教学中，教师队伍的建设应该注重培养教师在实际工作环境中的教学能力，使其能够将理论知识与实际工作情境相结合，从而提高学生的实践能力和职业素养。

3. 社会建构主义学习理论

社会建构主义学习理论认为学习是一个社会化的过程，学习者通过与他人的互动，共同构建知识和理解。在应用型实践教学中，教师队伍的建设应该注重培养教师的合作教学能力，使其能够与学生、同行以及其他相关人员进行有效的互动和合作，从而促进学生的社会化学习和知识体系的构建。

4. 教师专业发展理论

教师专业发展理论强调教师在职业发展过程中的自我反思、持续学习和专业成长。在应用型实践教学中，教师队伍的建设应该注重教师的持续专业发展，为其提供培训、交流和成长的机会，从而提高教师的教学能力和实践能力。

以安徽信息工程学院为例，学校通过与企业深度融合，实施基于产业案例和实例的实践类课程改革，构建面向产业、行业、企业和职业需要的专业实践教学课程体系。学校还注重实践类课程的教学内容改革，包括工程素养、工程思维和工程方法的训练，以及实验实训平台、创新创业平台、企业实习平台的建设。此外，学校还重视"双师型"教师队伍的建设，聘用具有企业工作和工程背景的专职和兼职教师，以保证学生实践和创新能力的培养。

绵阳职业技术学院在教师教学创新团队建设方面实施了以下措施：（1）优化师资队伍结构，提升教师队伍的政治理论水平和职业道德素养；（2）健全管理机制，打造结构化教师教学创新团队，实施"双师型"教学团队动态调整制度和奖惩制度；（3）实施提能工程，培养"双师"带头人和骨干教师，全面提升团队教师的教科研、社会服务和课程开发能力；（4）构筑校企协作共同体，深化校企协同育人机制，搭建技术技能创新平台，创建紧密型校企合作品牌；（5）推进交流与合作，引进、消化、吸收先进职业教育教学理念、课程体系、教学方法、考核评价标准等。

郑州工商学院采取了"四链合力"策略来打造应用型师资队伍建设：（1）优化"教育链"，积极搭建校企合作平台，成立产教融合咨询委员会和办公室；（2）拓展"育人链"，共建师资团队培养人才，聘任行业、企业专家担任兼职教师；（3）对接"产业链"，促进"双师型"教师队伍建设，选派青年专业课教师进行专业实践锻炼；（4）打造"创新链"，开启应用型师资培养新模式，与企业、行业共建产教融合教师工作站。

这些措施不仅提升了教师的教学能力和实践能力，而且促进了应用型人才培养，为学校的发展和学生的成长提供了强有力的支持。

◆◇ 第二节　改革与完善实践教学管理运行机制

在新工科建设的背景下，应用型高校的工程伦理教育面临着新的挑战和机遇。实践教学作为工程伦理教育的重要组成部分，其管理运行机制的改革与完善对于提升工程伦理教育的质量和效果具有重要意义。应用型高校的工程伦理教育需要有一支专业素质过硬、教学经验丰富、对工程伦理教育有深刻理解的教师队伍。本节将探讨如何建设应用型实践教学教师队伍，以支持工程伦理教育的开展。

当前实践教学管理运行机制的现状分析揭示了若干关键性问题。首先，教学内容与形式的陈旧性导致教育的时代性和实践性受阻。教材内容的过时和教学形式的繁杂抽象，使得学生难以将理论知识转化为解决实际工程问题的能力。其次，培养模式的单一性限制了学生的个性化发展和实践能力的培养。传统的授课方式和考核方法未能有效地促进学生将理论与实践相结合，导致培养出的人才难以满足社会需求。再次，创新锻炼的不足阻碍了学生的创新意识和精神的培养。在新兴工业革命的背景下，创新能力成为决定个体和社会未来发展的核心要素。最后，师生关系的淡漠导致教师难以实施因材施教，学生难以获得个性化的指导。教育大众化的背景下，师生之间的互动减少，师生关系变得冷漠和机械。

针对上述问题，本节提出了一系列改革与完善实践教学管理运行机制的对策建议。首先，更新教学内容与形式，注重理论与实践的结合，引入新兴技术领域的案例和实际问题，以激发学生的学习兴趣和创新能力。其次，多元化培养模式，注重学生个性化发展，提供实践机会和项目实践，鼓励学生参与创新性实验和研究项目。再次，强化创新锻炼，加强科研实践活动，为学生提供参与创新竞赛和科研项目的机会，培养创新思维和实践能力。最后，改善师生关系，建立良好的师生互动机制，提供教师与学生之间的更多交流机会，促进师生之间的有效沟通和深度交流。

一、针对教学内容与形式的陈旧性、培养模式的单一性的措施

针对教学内容与形式的陈旧性和培养模式的单一性，高校采取了一系列创新措施，以提升教学质量和学生的学习体验。例如，天津大学通过融合课堂教学、课后实践教学及学科竞赛等多种教学形式，成功培养了具有"家国情怀、全球视野、创新精神和实践能力"的优秀人才。同时，天津大学微电子学院深入贯彻新工科理念，优化人才培养方案，形成"通识教育+大类培养+专业模块"的人才培养方案，强化学生素质能力提升，推进第二课堂建设，打造"项目式-进阶型"实践教学体系，促进教研学融合，提高学生创新精神和实践能力。

在整合关于教学内容与形式改革措施时，可以从以下几个方面来构建内容。

1. 教学内容的更新

天津大学的"程序设计原理"课程通过融合课堂教学手段、课后实践教

学及学科竞赛等多种教学形式，注重以赛促学，优化考核方式，取得了显著的教学成果。

2. 教学形式的改革

北京大学在2016—2018年间实施的本科教学改革优秀项目，在教学方法上进行了创新和改革，有效推动了整体教学水平的提高。

3. 创新能力培养

天津大学的微电子学院深入贯彻新工科理念，优化人才培养方案，成长与成才互融共进。学院以学生成长需求为导向，形成了"通识教育+大类培养+专业模块"的人才培养方案，强化学生素质能力提升，推进第二课堂建设；打造"项目式–进阶型"实践教学体系，促进教研学融合，提高学生创新精神和实践能力。

4. 学习兴趣的激发

天津大学的"运筹学"课程组注重优化组织运行，坚持制度先行和传承与创新，制定了《天津大学〈运筹学〉课程组管理条例》，对青年教师引进、课程全面质量建设、课程教学管理等工作进行了制度保障，取得了显著的教学成果。

通过这些案例，可以看到不同高校在教学内容与形式的改革上所采取的具体措施和取得的成效。这些案例不仅展示了改革的具体内容，也体现了改革对提高教学质量、培养创新能力和激发学习兴趣的重要性。这些改革措施为培养适应新工科背景下的高素质工程人才提供了有力的支持。

二、针对创新锻炼不足的措施

针对创新锻炼不足，高校采取了多方面的创新举措，旨在培养学生的创新意识和能力。清华大学的"探臻青年科技论坛"就是一个典型案例。这个论坛为学生提供了一个交流科技前沿、探讨国家重大需求的平台，鼓励学生进行跨界、跨学科的交流，激发创新潜能，并表达青年科技观点。此外，清华大学还开展了"青年最关注的改变未来十大变革科技榜单"评选活动，吸引了9000余名学生参与投票，评选出十大前沿科技，并邀请专家学者和行业代表进行深度探讨。

有的研究人员提出了一系列建议，以提升高校在科技创新中的地位。建议尊重基础研究的规律和特点，鼓励自由探索和加强自主科研布局，促进学科之间、科学和技术之间的交叉融合。此外，还建议改进评价体系，鼓励科研人员深入研究，真正担当起关键核心技术攻关的时代重任。

大学生创新能力的培养也同样重要。教育方面，高校需要改变传统教育观念，解决新问题，为培养学生创新意识创造良好的教育环境。学生自身方面，需要注重创新欲望和创新情感的培养，积极参与学习、实践和生活的过程，发展知识水平、思维方式和个性特点。

通过这些案例和措施，可以看到高校在创新锻炼不足的问题上所采取的具体行动和取得的成效。这些案例不仅展示了改革的具体内容，也体现了改革对提高学生创新能力的重要性。这些改革措施为培养适应新时代要求的高素质创新人才提供了有力的支持。

三、针对师生关系淡漠的措施

随着经济社会发展和现代教育理念的普及，师生关系正在发生变化。教师在学生面前的权威受到挑战，师生关系变得更加平等和轻松，但也带来了一定的管理挑战。学生和教师之间的信任缺失和沟通不畅是导致师生关系淡漠的主要原因。财新网的调查显示，约三成的受访者曾帮老师做过与科研、教学无关的事情，如做 PPT、跑腿等。这些行为不仅占用学生的时间，还可能对学生的心理造成困扰。这种情况反映出师生关系中存在不平等和过度依赖的问题。

综上所述，针对师生关系淡漠的措施应包括：

（1）加强师德师风建设，提高教师的责任感和职业道德，防止利益交换和不当行为的发生。通过定期的师德培训和监督机制，确保教师的行为符合教育伦理。

（2）促进师生平等交流，鼓励教师与学生建立开放、平等的沟通机制，减少师生之间的距离感和疏离感。例如，定期举办师生座谈会，让学生有机会直接向教师提意见和建议。

（3）强化学生权益保护，建立有效的投诉和反馈机制，确保学生在遇到问题时能够得到及时的帮助和解决。例如，设立学生权益保护办公室，负责处理学生与教师之间的纠纷。

（4）提升师生关系的教育意义，通过教育活动和培训，让师生双方都意识到师生关系的重要性，并共同努力维护良好的师生关系。例如，组织师生共同参与社区服务活动，增进师生之间的了解和信任。

这些措施旨在改善师生关系，促进教育的健康发展。通过加强师德师风建设、促进师生平等交流、强化学生权益保护和提升师生关系，可以有效改善师生关系，营造一种更加和谐、积极的教育环境。

四、改革与完善实践教学管理运行机制理论依据

（1）关于改革与完善实践教学管理运行机制的理论依据，可以从以下几个方面进行阐述。

教育管理理论。教育管理理论涉及学校管理、教学管理等方面的理论。在构建适合应用型高校特点的实践教学管理机制时，可以借鉴教育管理领域的相关理论。例如，学校管理理论关注学校组织、运行和管理的原理和方法，旨在优化学校内部各项管理工作，为实践教学提供良好的组织保障。教学管理理论则着重于课程设置、教学组织、教学评估等方面的管理工作，为实践教学活动提供规范和指导。

质量管理理论。质量管理理论强调对工作流程和活动结果进行全面的管理和控制，以确保产品或服务的质量达到预期目标。在工程伦理教育的实践教学过程中，可以从质量管理的角度分析实践教学存在的问题，并提出相应的改进措施，保障工程伦理教育的质量。例如，建立健全质量管理体系，包括制定质量标准、开展质量评估和监控等措施，确保实践教学活动符合质量要求。同时，强调持续改进的理念，鼓励教师和学校在实践教学过程中不断总结经验、发现问题，并采取有效的改进措施，提高工程伦理教育的水平。

学习型组织理论。学习型组织理论强调组织的学习和改进，认为组织的竞争力和持续发展取决于其学习能力。在应用型高校建设实践教学管理机制时，可以借鉴学习型组织理论的相关观点。例如，鼓励教师和管理人员之间的知识共享和团队学习，促进实践教学管理经验的交流和积累。同时，培养学校管理者和教师具备创新意识和适应能力，及时调整和优化实践教学管理机制，以适应外部环境的变化和内部需求的不断提升。

这些理论的综合运用可以为改革与完善实践教学管理运行机制提供坚实的理论基础和方法支持。

（2）为了进一步丰富和完善这些理论依据，可以参考以下几个案例。

山东大学的实践教学管理：山东大学强调了实践教学在人才培养中的重要性，并提出了具体的实施意见。这些意见包括加强实践育人功能、规范实践教

学管理、创新实践教学体系、更新实践教学内容、改进实践教学方法、改革考核评价方式等。通过这些措施，山东大学旨在提升实践教学质量，提高学生的创新精神和实践能力。

南京大学的实践教学管理：南京大学制定了本科实践教学五年发展规划，旨在通过加强本科实践教学的内涵、条件、队伍和制度四个方面的建设，构建和完善具有南大特色的本科实践教学体系。该规划包括实施实践教学体系构筑提升计划、实践教学优质课程建设计划、实践教学方法改革推广计划等，以提升人才培养质量为核心。

应用型人才实践教学体系构建的实施意见包括实践教学目标体系、实践教学内容体系、实践教学管理体系和实践教学保障体系等方面，旨在培养学生的实践动手能力和创新精神。

通过这些案例，可以看到不同高校在实践教学管理方面的具体行动和取得的成效。这些案例不仅展示了改革的具体内容，也体现了改革对提高实践教学质量、培养创新能力和提升学生实践能力的重要性。这些改革措施为培养适应新时代要求的高素质应用型人才提供了有力的支持。实践教学管理运行机制的改革与完善对于提升工程伦理教育的质量和效果至关重要。这些理论框架的综合运用为改革与完善实践教学管理运行机制提供了坚实的理论基础和方法论支持。它们共同构成了一个逻辑严谨、学术性强的理论体系，指导着高校在实践教学管理方面的创新与实践。

本章小结

本章提出了一系列改革与完善实践教学管理运行机制的对策建议。

首先，建议更新教学内容与形式，注重理论与实践的结合，引入新兴技术领域的案例和实际问题，以激发学生的学习兴趣和创新能力。这包括定期更新教材，确保其包含最新的技术和理论发展；引入新兴技术领域的实际案例，使学生能够将理论知识应用于解决实际问题；采用多种教学方法，如案例教学、小组讨论和实验，以提高学生的参与度和实践能力。

其次，建议多元化培养模式，注重学生个性化发展，提供实践机会和项目实践，鼓励学生参与创新性实验和研究项目。这包括设立跨学科课程，鼓励学生根据自己的兴趣和职业规划选择不同的课程组合；提供实践教学基地，让学生在实际工作环境中学习，提高职业素养；设立创新实验室和研究中心，为学生提供实验设备和资源，鼓励学生自主开展创新实验。

再次，建议强化创新锻炼，加强科研实践活动，为学生提供参与创新竞赛和科研项目的机会，培养创新思维和实践能力。这包括开设专门的创新课程，教授创新思维、设计思维和创新方法论；组织创新竞赛和挑战，鼓励学生提出创新性的解决方案；与企业和研究机构合作，开展产学研结合的项目，让学生参与实际的企业创新过程。

最后，建议改善师生关系，建立良好的师生互动机制，为教师与学生提供更多的交流机会，促进师生之间的有效沟通和深度交流。这包括减少班级规模，实行小班授课，以增加师生之间的互动机会；建立导师制度，为每名学生分配一位指导教师，负责学生的学术和职业发展；建立线上和线下的师生交流平台，鼓励教师和学生之间的定期交流。

综上所述，实践教学管理运行机制的改革与完善是提升工程伦理教育质量的关键策略。通过综合性改革措施的实施，可以显著提高实践教学的学术深度和教学效果，为新工科背景下的工程伦理教育提供坚实的支持。

参考文献

[1] BRIGGLE A，HOLBBOOK J B，OPPONG J，et al. Research ethics edu-
cation in the STEM disciplines：the promises and challenges of a gaming
approach [J]. Science and engineering ethics，2016，114（1）：1-14.

[2] 张恒力，钱伟量. 美国工程伦理教育的焦点问题与当代转向 [J]. 高等
工程教育研究，2010（2）：31-34+46.

[3] 查尔斯·E. 哈里斯，迈克尔·S. 普里查德，迈克尔·J. 雷宾斯，等.
工程伦理：概念和案例 [M]. 从杭青，沈琪，魏丽娜，等译. 北京：
北京理工大学出版社，2006：13.

[4] DAVIS M. Introduction to a symposium：integrating ethics into engineer-
ing and science course [J]. Science and engineering ethics，2005（11）：
633.

[5] 张嵩. 工程伦理学 [M]. 北京：中国人民大学出版社，2011：3.

[6] 王国豫. 德国技术哲学的伦理转向 [J]. 哲学研究，2005（5）：94-100.

[7] 肖平. 工程伦理导论 [M]. 北京：北京大学出版社，2009.

[8] 李世新. 国外工程伦理教育的模式和途径 [J]. 自然辩证法研究，
2011，27（10）：113-114. DOI：10. 19484/j. cnki. 1000-
8934. 2011. 10. 029.

[9] 龙翔，盛国荣. 工程伦理教育的三大核心目标 [J]. 高等工程教育研
究，2011（4）：76-81.

[10] 朱高峰. 对工程伦理的几点思考 [J]. 高等工程教育研究，2015（4）：
1-4.

[11] 余寿文. 对工程教育质量保证中几个问题的思考 [J]. 高等工程教育
研究，2016（3）：5-8+14.

[12] 王孙禺，梁竞文. 多学科视角下的工程伦理教育 [J]. 清华大学教育

研究，2017，38（4）：9-12+18. DOI：10.14138/j.1001-4519.2017.04. 000904.13.

[13] 习近平主持召开中央全面深化改革委员会第二十三次会议强调：加快建设全国统一大市场提高政府监管效能 深入推进世界一流大学和一流学科建设 [OL].（2021-12-17）[2024-05-25]. https：//www. gov. cn/xinwen/2021-12/17/content_ 5661684. htm.

[14] 2023 年中国科研诚信十大事件揭晓 [OL].（2024-04-16）[2024-05-26]. https：//www. gov. cn/gongbao/2023/issue _ 10826/202311/ content_ 6915814. html.

[15] 包信和. 在新工科的"无人区"如何继续一路风行 [N/OL]. 文汇报，2017-02-24（6）. https：//www. ustcif. org. cn/default. php/content/3448/.

[16] 周玲，马晓娜，孙艳丽，等. 工程教育，让世界更美好：2015 年全面工程教育国际研讨会（TEE 2015）综述 [J]. 高等工程教育研究，2015（4）：27-35+69.

[17] 姜卉. 我国大学工程伦理教育内容体系构造 [J]. 高等工程教育研究，2012（6）：125-130.

[18] 迈克·W. 马丁，罗兰·辛津格. 工程伦理学 [M]. 李世新，译. 北京：首都师范大学出版社，2010.

[19] 钟登华. 新工科建设的内涵与行动 [J]. 高等工程教育研究，2017（3）：2.

[20] 李正风，从杭青，王前，工程伦理 [M]. 北京：清华大学出版社，2016.

[21] 孙丽丽，张婷婷. 新工科视角下工程伦理教育的现状分析与对策研究 [J]. 长春大学学报，2021，31（6）：44-48.

[22] 董小燕. 美国工程伦理教育兴起的背景及其发展现状 [J]. 上海高教研究，1996（3）：74-77.

[23] ERRIS T L J，AZIZ S. A psychomotor skills extension to Bloom's taxonomy of education objectives for engineering education [D]. Tainan：Cheng Kung University，2005.

[24] BLOOM B S. Taxonomy of educational objectives，Handbook 1：The

Cognitive Domain ［M］. New York：David McKay & Co.，1956.

［25］ 谢家建，梅雄杰. 工程伦理教育：历史探索、现实困境与行动方略 ［J］. 当代教育论坛，2021（1）：75-81.

［26］ D R 克拉斯沃尔，B S 布卢姆. 教育目标分类学（第二分册，情感领域）［M］. 施良方，张云高，译. 上海：华东师范大学出版社，1989.

［27］ 孙晶，毛伟伟，李冲. 工程科技人才核心能力的解构与培育：基于布鲁姆教育目标分类视角 ［J］. 高等工程教育研究，2019（5）：97-102.

［28］ 王秋辉. 课程思政背景下工科大学生工程伦理教育研究 ［D］. 南京：南京工业大学，2019.

［29］ 陈兴文，刘燕，吴宪雨，等. 基于 CDIO 理念的融合式工程伦理教育教学模式研究与实践 ［J］. 高教学刊，2019（4）：94-96＋99. DOI：10. 19980/j. cn23-1593/g4. 2019. 04. 032.

［30］ 吴鹏，胡巧，林志远，等. 基于我国工科大学生工程伦理教育的思考 ［J］. 产业与科技论坛，2019，18（3）：147-148.

［31］ 伍接朝. 我国大学生工程伦理教育的现状、问题及实践体系建构 ［D］. 长沙：长沙理工大学，2013.

［32］ 朱安福，许磊，郭恒，等. 基于 CDIO 模式的复杂工程问题能力培养实践 ［J］. 电气电子教学学报，2023，45（4）：186-189.

［33］ 张友恒，付旭，周慧文，等. 基于 EIP-CDIO 模式的实践教学改革与实践：以道路桥梁与渡河工程为例 ［J］. 教育进展，2022（1）：168-172.

［34］ CONLON E，ZANDVOORT H. Broadening ethics teaching in engineering：beyond the individualistic approach ［J］. Science and engineering ethics，2011，17（2）：217-232.

［35］ MACINTYRE A C. After virtue：a study in moral theory ［J］. Contemporary sociology，1982，11（3）：346. DOI：10. 2307/2906250.

［36］ HARRIS C E，DAVIS M，PRITCHARD M S，et al. Engineering ethics：What? Why? How? And When? ［J］. Journal of engineering education，1996，85（2）：93-96. DOI：10. 1002/j. 2168-9830. 1996. tb00 216. x.

［37］ PIAGET J. Cognitive development in children ［J］//Piaget development

and learning：Part Ⅰ. Journal of research in science teaching，1964
（9）：78-92.

[38] VYGOTSKY L S. Mind in society：the development of higher psycholog-
ical processes［M］. Cambridge：Harvard University Press，1978.

[39] KOLB D A. Experiential learning：experience as the source of learning
and development［M］. Englewood Cliffs，N J：Prentice Hall，1984.

[40] BORENSTEIN J，DRAKE M J，KIRKMAN R，et al. The engineering
and science issues test（ESIT）：a discipline-specific approach to assess-
ing moral judgment［J］. Science and engineering ethics，2010，16
（2）：387-407.

[41] FELDER R M，BRNET R. Designing and teaching courses to satisfy the
ABET engineering criteria［J］. Journal of engineering education，2003，
92（1）：7-25.

[42] BENTHAM J. An introduction to the principles of morals and legislation
［M］. London：T. Payne and Son，1789.

[43] KANT I. Groundwork of the metaphysics of morals［M］. Riga：Johann
Friedrich Hartknoch，1785.

[44] ARISTOTLE. Nicomachean ethics［M］. ROSS W D，trans. Oxford：
Oxford University Press，2009.

[45] 侯长林，蒋炎益，杨耀锟. 推动人的全面发展：高等教育高质量发展
的最高价值取向［J］. 贵州社会科学，2022（2）：113-119.

[46] 朱国芬. 新工科背景下的工程伦理教育探析［J］. 教育教学论坛，
2020（39）：20-24.

[47] 梁格平. 新工科背景下我国高校工程伦理教育研究［D］. 武汉：武汉
理工大学，2020.

[48] 王坤. 科学教育中 STS 教育理论实践探讨［J］. 教师，2011（10）：
56-57.

[49] 李丽，许龙，张卫东. STS 教育理论在生物化学实验教学中的运用
［J］. 科技信息（科学教研），2008（20）：363.

[50] 倾志义. 注重理论联系实际　渗透 STS 教育［J］. 甘肃教育，2006
（3）：59.

[51] 高汉运. STS 教育的理论与高职教学的实践 [J]. 山东师大学报（人文社会科学版），2001（4）：23-25.

[52] 吕素巧. 浅谈 STS 教育的理论特点 [J]. 太原教育学院学报，2000（4）：17-21.

[53] 姚秀元. STS 教育理论在地理教学中的运用 [J]. 地理教学，2000（2）：16.

[54] 袁磊，赵玉婷. STEM 教育的冷思考：STEM 教育与 STS 教育的辨析 [J]. 现代远距离教育，2017（5）：30-35.

[55] 戚建，黄艳. 新工科背景下高校研究生工程伦理教育的优化 [J]. 学校党建与思想教育，2022（4）：57-59.

[56] 于玥. 新工科背景下工科高校工程伦理教育研究 [D]. 天津：天津大学，2019.

[57] 刘玉. 大学工程伦理教育若干问题探讨 [J]. 江苏高教，2024（3）：91-97.

[58] 孙贤胜，戚永颖，孙娜. 全球能源转型之路曲折迈进：2023 年全球油气市场的"变"与"不变"[J]. 国际石油经济，2024，32（1）：17-24.

[59] 巴志新，王珏，李华冠，等. 课程思政与工程伦理教育融合育人模式探索 [J]. 高教学刊，2024，10（4）：185-188.

[60] 赵志科，吴才章，王莉. 融入学科特色的工程伦理教育研究：以电子信息类硕士专业学位研究生为例 [J]. 高教学刊，2024，10（3）：17-20.

[61] 李安萍，侯赛，杨琳. 论工程类专业学位研究生工程伦理教育的实现 [J]. 华北水利水电大学学报（社会科学版），2023，39（6）：63-67.

[62] 李玉霞. 工程教育专业认证背景下工程伦理教育的探索：以智能制造工程专业为例 [J]. 教育教学论坛，2022（11）：69-72.

[63] 康卓仪，刘向军，王峰."三全育人"视阈下材料成型及控制工程专业大学生工程伦理教育探析 [J]. 铸造设备与工艺，2022（1）：64-66.

[64] 谢承佳，陈秀清，陈凯，等. 高职药品生产技术专业中工程伦理教育的标准设置研究 [J]. 职业教育（中旬刊），2021（21）：19-21.

［65］ 谢娟, 黄钢, 王晓梅, 等. 基于工程教育专业认证的纺织工程专业工程伦理课程思政建设: 以五邑大学"工程设计导论"课程为例［J］. 纺织服装教育, 2021（4）: 324-328.

［66］ 巨佳, 巴志新, 李旋, 等. 新工科材料类专业应用型人才的工程伦理教育: 以"材料与环境"课程为例［J］. 新课程教学（电子版）, 2021（4）: 183-184.

［67］ 毛倩瑾, 崔素萍, 孙诗兵, 等. 材料类本科专业工程伦理教育体系的阶梯式设计与实践［J］. 教育教学论坛, 2020（49）: 137-139.

［68］ 王小兵, 曾瑜, 张薄. 加强高校工程专业学位研究生工程伦理教育问题探讨［J］. 科技资讯, 2020（25）: 100-102+105.

［69］ 张纯, 周俊, 邓玉梅, 等. 基于工程认证的给排水科学与工程专业工程伦理教育思考［J］. 现代物业（中旬刊）, 2020（4）: 130-131.

［70］ 夏嵩, 王艺霖, 肖平, 等. 土木工程专业教育中工程伦理因素的融入: "课程思政"的新形式［J］. 高等工程教育研究, 2020（1）: 172-176.

［71］ 刘晖, 杨帆, 张岩. 面向生物医学工程专业的工程伦理课程体系平台的构建［J］. 课程教育研究, 2019（10）: 181-182.

［72］ 付昌义, 王秋辉, 周剑锋. 工匠精神视野下的过程装备与控制工程专业工程伦理教育实践［C］. 第十五届全国高等学校过程装备与控制工程专业教学与科研校际交流会, 2019.

［73］ 李鲤, 刘善春, 杨斌. 油气类专业工程伦理教育的现状与对策: 以兰州城市学院为例［J］. 甘肃高师学报, 2017, 22（9）: 43-46.

［74］ 李金波, 杨长德, 张伟光, 等. 地方高校实践教学师资队伍建设路径初探: 以新疆工程学院为例［J］. 创新创业理论研究与实践, 2023, 6（16）: 102-104+135.

［75］ 杨素祯, 高晓晶. 双导师模式下班级管理实践教学运行机制构建: 以山西大同大学小学教育专业为例［J］. 教育观察, 2021, 10（21）: 61-63. DOI: 10.16070/j. cnki. cn45-1388/g4s. 2021. 21. 017.

［76］ 李鑫阳, 余传英. 协同培养实践教学管理模式与运行机制研究［J］. 现代商贸工业, 2019, 40（28）: 80-81. DOI: 10.19311/j. cnki. 1672-3198. 2019. 28. 037.

［77］ 罗静. 新工科背景下应用型本科高校"双师型"教师队伍建设思考

[J]. 创新创业理论研究与实践，2019，2（1）：83-84+89.

[78]　李松丽. 应用型高校实践教学教师队伍建设的策略［J］. 学术探索，2016（2）：127-131.

[79]　杨光，夏建全. 应用型本科实践教师队伍建设思考［J］. 电子制作，2015（3）：174. DOI：10.16589/j. cnki. cn11-3571/tn. 2015.03.136.

[80]　程苗，丁家仁. 新建应用型本科院校实践教学师资队伍建设的思考［J］. 佳木斯教育学院学报，2013（11）：2+16.

[81]　徐佳佳. 地方综合性大学实践教学管理研究［D］. 合肥：安徽大学，2013.

[82]　孙裕金，束仁龙. 应用型本科高校"双师型"师资队伍建设的思考［J］. 池州学院学报，2011，25（6）：112-113+149. DOI：10.13420/j. cnki. jczu. 2011.06.046.

[83]　周菁. 应用型人才培养目标下高校实践教学教师队伍建设研究［J］. 教育探索，2011（9）：109-110.

[84]　郭新荣. 实践教学在高校教学管理中运行机制的思考［J］. 科技创新导报，2008（6）：203-204. DOI：10.16660/j. cnki. 1674-098x. 2008.06.104.